·经典润泽心灵　智慧点亮人生·

菜根谭的清心智慧

（修订本）

文廷◎编著

中国纺织出版社

内 容 提 要

《菜根谭》是明代还初道人洪应明编著的一部论述修养、人生、处世、出世的旷古奇训。在现在日渐浮躁的社会中，本书读来内可养心育德，外助从容处事。文字雅俗兼采，如细雨润花，清润人心；又如春雷贯耳，振聋发聩。

图书在版编目（CIP）数据

《菜根谭》的清心智慧 / 文廷编著. —修订本. —北京：中国纺织出版社，2016.1（2024.1 重印）

ISBN 978-7-5180-2079-9

Ⅰ.①菜… Ⅱ.①文… Ⅲ.①个人—修养—中国—明代 ②《菜根谭》—研究 Ⅳ.①B825

中国版本图书馆CIP数据核字（2015）第246020号

责任编辑：李伟楠　　责任印制：储志伟

中国纺织出版社出版发行

地址：北京市朝阳区百子湾东里A407号楼　邮政编码：100124

销售电话：010—67004422　传真：010—87155801

http: //www.c-textilep. com

E-mail: faxing@c-textilep.com

中国纺织出版社天猫旗舰店

官方微博http://weibo.com/2119887771

北京兰星球彩色印刷有限公司印刷　各地新华书店经销

2016年1月第1版　2024年1月第3次印刷

开本：880×1230　1/32　印张：9

字数：166千字　定价：39.80元

前言

《菜根谭》是明朝万历年间一位绝意仕途的隐士洪应明收集编著的一本语录体著作，作者晚年隐居山林，生平不详。

“菜根”一词出自北宋学者汪信民的一句“咬得菜根，百事可做”。这句话的意思是说，一个人只要能坚强地适应清贫的生活，不论做什么事情，都会有所成就。洪应明偶见此言，一时有感而发，便以此立意，定“心安茅屋稳，性定菜根香”为主旨，写下了几百年传世不衰的“菜根”箴言。这些箴言融合了儒家的中庸思想、道家的无为思想和佛家的出世思想，深入浅出地讲述了修养、处世、出世等多个方面的人生哲学，告知后世人们享受平凡、活出真我，自会觅得人生真味。

《菜根谭》辞藻优美，言简意赅，将儒家仁义中庸、道家无为知命以及佛教的禅定超脱熔冶于一炉，总结处世为人之策略，概括功业成败之智慧，指示修身养性之要义，界分求学问道之真假，指点生死名利之玄妙。既提倡积极入世、经营事业、为民谋福、恩泽后世的进取精神，又宣扬亲近自然、悠游山水、独善其身、清净无为的隐逸趣旨，同时也倡导悲天悯人、普度众生、透彻禅机、空灵无际的超脱境界。

《菜根谭》作为一部雅俗共赏的著作，受到了文人学者和市井大众的广泛欢迎。这样一部集人生智慧之大成的著作，处处透露出“他者意识”，无论是强调自我道德约束，还是作为险恶官场上的自我防卫，从中总能感受到《菜根谭》的人文情怀，作者显然将“他者”作为思考中心。《菜根谭》的“他者意识”首先表现为强调为别人着想、为他人提供方便的道德自律。作者在书中完全隐去了自己的真实生活处境，然而我们可以从他的思考中洞悉其生存的环境，因为他经常设想对方的状况、处境等因素。其实，人际关系原本是双向的交流，确实应该强调相互对等、彼此信任、开放自在。

本书集众家之所长，书中对名利的淡泊，对世态的宽容，以及每一段名言警句中蕴含的智慧，都会引人深思，发人深省。读它就像与一位睿智的老者交谈，就像与一位高水平的对手较量，就像站在镜子前审视，重新寻找真正的自己。今天，面对都市的浮躁与喧嚣，《菜根谭》如一场春雨，能涤去我们内心的尘埃；如一丝天籁，荡去我们胸中的烦恼，为我们应对各种现实生活中的问题提供有益的借鉴与帮助。

只要你静静地读，细细地品，菜根会越嚼越香，心智会越来越高。这就像一撮尘封许久的茶，沏于杯中，茶香中自有其绝代芬芳。

《〈菜根谭〉的清心智慧》问世之后，受到了广大读者的喜爱。应读者要求，同时也为进一步完善这部作品，特在第一版的基础上进行修订。此次修订一方面修改原书中不够精彩的内容，使《菜根谭》的精髓得到更加准确的阐释；另一方面尽最大的努力优化文字表达，使这部古代书籍所论述的哲理更容易为当代人接受，希望可以带给读者更多的启发。

编著者

2015年9月

目录

第三章 鱼得水游，而相忘乎水
——清心寡欲的智慧

第四章 念头昏散处，要知提醒
——静心达生的智慧

第五章　多藏者厚亡，高步者疾颠
——守逸从容的智慧

第六章　人心不可一日无喜神
——喜怒不扰的智慧

第七章　味淡声稀处，识心体之本然
——淡泊明志的智慧

第八章　横逆困穷，身心交益
——成志立业的智慧

第九章　诚心和气，愉色婉言
——齐家育人的智慧

富贵名誉，道德来者

——修持德行的智慧

富贵名誉自德而来，方绵延不绝

原文

富贵名誉，道德来者，如山林中花，自是舒徐繁衍；自功业来者，如盆槛中花，便有迁徙兴废；若以权力得者，如瓶钵中花，其根不植，其萎可立而待矣。

意译

一个人的富贵和荣誉，如果是从高深的道德修养中得来的，那就如同生长在大自然中的野花，会不断繁殖绵延不绝；如果是从建立政治功勋中得来的，那就如同生在花园中的盆栽一样，只要稍微移动，花木的成长就会受到严重的影响；若是靠特权或恶势力而得，那就如插在花瓶中的花，由于根没有深植在土中，很快就会凋谢。

清心智慧

古人提倡以德报人，而且认为财富、美名，也应是有德者居之。道德的修省不是一朝一夕的事。君子“立德、立功、立言”要慢慢成长，官位、财富、名誉要一点一点累积。反之，假如用不正当的手段于短时间内强行获得，那就宛如空中楼阁，转眼之间就会土崩瓦解。所以自己的财富要通过辛勤劳动得来，自己的社会地位要依靠道德的力量获得。

凡事有因有果，世间没有不劳而获的道理，致富求贵也不例外。我们希求富贵，但富贵不会从天上掉下来。首先创造财富是一个人的义务，然后享受财富才是人的权利。这正如人们常说的：人活着的每一天，都应该努力去追求财富。只要创造的财富是正大光明的，这个人就会得到别人的尊敬与赞扬。虽然人人梦想富贵，但是富贵如果来得名不正言不顺，就会像花瓶中的花一样，迟早会凋谢。而且从天而降的富贵和来路不正的富贵往往会让得到的人失去更多。

古人云："人心不足蛇吞象。"也意在告诉我们，只有培养良好的道德，才能离富贵和成功更近。

宋代有个叫王妄的人，虽然穷困潦倒，但心地善良。这个人三十余岁一无所成，也未娶妻，靠卖草维持生活。

有一天，王妄到村北去打草，发现草丛里有一条七寸多长的花斑蛇，因为受了伤，动弹不得。王妄遂救了此蛇，并带回家中。蛇苏醒之后，为了表达感激之情，向王氏母子俩频频颔首。母子俩见状非常高兴，为蛇编了一个小荆篓，小心地把蛇放了进去。从此王氏母子精心照顾小蛇，蛇慢慢长大了。

此时，乃宋仁宗当政，仁宗整天不理朝政，对宫中生活深感枯燥，想要一颗夜明珠赏玩，公告天下谁能献上一颗，就封官受赏。王妄听闻此事，回家对蛇说了，蛇沉思了一会儿说："这几年来你对我很好，而且有救命之恩，我总想报答，可一直没机会，现在总算能为你做点事了。实话告诉你，我的双眼就是两颗夜明珠，你将我的一只眼挖出来，献给皇帝，就可以升官发财，老母也就能安享晚年了。”

王妄听后非常高兴，可他毕竟和蛇有了感情，不忍心下手，说：“那样做太残忍了，我不能这样做。”蛇说：“不要紧，我能顶住。”于是，王妄挖了蛇的一只眼睛，把宝珠献给皇帝。宝珠在晚上能发出奇异的光彩，把整个宫廷照得通明，皇帝非常高兴，封王妄为大官，并赏了他很多金银财宝。

皇上得到宝珠后，皇后也想要一颗，于是宋仁宗下令寻找另一颗宝珠，并说把丞相的位子留给第二个献宝珠的人。王妄遂起了歹念，想要蛇的另一只眼睛。于是他回到家中去找蛇商量，但是蛇无论如何也不答应，劝说王妄道：“我为了报答你，已经献出了一只眼睛，你也升了官，发了财，就别再要我的第二只眼睛了。人不可贪心。”

王妄早已鬼迷心窍，根本不听劝，无耻地说：“我不是想当丞相吗，你不给我怎么能当上呢？况且皇帝已经允诺我了，如果我不把你的眼睛交出去，如何向皇帝交代？帮人帮到底，你就成全我吧！”他执意要取蛇的第二只眼睛，蛇见他变得这么贪心残忍，只好说：“那好吧！你拿刀子去吧！不过你要把我放到院子里再取。”王妄闻言心中一喜，立刻将蛇放到院子里，回屋去取刀子。等他出来准备剜蛇眼睛时，蛇已变成了大梁一般粗，一口将这个贪心的人吞了下去。

这个故事虽然带有几分鬼神色彩，但对王妄贪婪形象的刻画入木三分。贫困时，他能保持善良的品格；富贵时，却在贪婪的泥沼中越陷越深，直到为此付出生命的代价。实际上，王妄正是那些为了富贵而丧失道德的人的缩影。和这类人相比，那些让财富、权贵长在道德的阳光之下的人，虽然苦心孤诣一辈子，也不一定能飞黄腾达，但至少富贵挣一分是一分，不仅让人用得心安理得，还会让生活细水长流。

虽然我们生活在现代，但道理和古时候是一样的。大家想要得到财富，想要过上好生活，就必须自己动手，坚守道德，只有付出辛勤努力而不逾越道德的底线，我们才能收获甜美的果实。

将道德作为一种工具，是小人的行为

原文

勤者敏于德义，而世人借勤以济其贫；俭者淡于货利，而世人假俭以饰其吝。君子持身之符，反为小人营私之具矣。惜哉！

意译

一个勤奋的人应该尽心尽力在品德和义理上下工夫，可是一般人却都仰仗勤奋来解决自己的穷困；一个俭朴的人应该把财货和利益看得很淡，可是一般人却假借俭朴来掩饰自己的吝啬。勤奋和俭朴本来是有德君子立身处世的信条，不料反倒成为市井小人营利徇私的工具，真是令人惋惜。

清心智慧

凡是拉大旗做虎皮的人，往往是为了欺瞒、蒙骗、吓唬善良的人。君子守身的法则，往往成为小人牟利的工具。世事大抵如此，“干将”“莫邪”雌雄宝剑，在名将手中就会成为保国为民的利器；反之，如果落在坏人手中，就会变成杀人的凶器。可见，任何事物可能带来的结果首先取决于运用者，运用者的内在素质低，思想境界低，再好的东西都会成为营私逐利的工具。

勤俭者，只有避免利欲的骚扰，才能使自己的品德得到提高。如果过分贪图利益，勤者就成为财富的奴隶，而俭者则成了吝啬鬼。所以，真正的君子，无论是帝王权贵，还是平民百姓，强调的是德行，而不是私利。

羊续是东汉时期的南阳太守。南阳土地肥沃，水源很充足，气候非常温暖，所以农业和畜牧业非常发达，人们生活很富裕，社会风气难免奢侈浮华。特别在地方官府中，请客送礼、讲究排场、讲吃讲喝的风气尤为严重。看到这种情况，羊续认为铺张浪费是浪费百姓的钱财，他对此十分不满，所以，新上任的羊续决定要移风易俗。要改掉这些不正之风，必须先从官府和为官者人手，所以，羊续先从自己本身做起，为百姓树立榜样。

有一天，郡里的郡丞为了讨好羊续，就想送一条鱼给羊续，于是提着一条很大的鱼来到了羊续家里。郡丞为了让羊续收下他的鱼，就说这条鱼不是他买的，也不是向别人要的，而是自己从白河里钓上来的。接着，他还向羊续介绍了南阳的风土人情，并极力称赞白河鲤鱼味美可口。他还说，自己绝不是拿这条鱼送礼，而是出于同事之间的感情，让刚来的羊续尝一尝。尽管郡丞各种解释，但羊续还是决定不收他的鱼。而郡丞是无论如何都不肯把鱼拿回去。郡丞说："太守，您要是执意不收，那就是看不起我，从此以后我也不会和你一起做事了。"羊续感到盛情难却，只得把鱼收下了。

郡丞走后，羊续拿起鱼来看了一会儿，想一下该怎么处置这条鱼。过了一会儿，他就吩咐家人用麻绳将鱼拴好，挂在自家的屋檐下，家里人对他的做法非常不理解。

几天后，郡丞又来看望羊续，他的手里提着一条比上次更大的鱼。羊续一看，很不高兴，就说："在南阳这个地方，除了我以外，你的官位最高了。你怎么能带头给我送东西呢？"郡丞听了，轻轻地摇了摇头，还没来得及说什么，羊续就从屋檐下拿出已经晒干了的鱼，说："你看，上次的那条鱼还在这里，你一起拿回去吧！"郡丞一看到风干的鱼，脸马上就红了，他转身离开了羊续的家。

从此之后，南阳的官员不给羊续送礼了。南阳的百姓听说这件事后，都很高兴，纷纷称赞新来的太守廉洁不贪，处事公正。甚至有的人还给羊续取了个"悬鱼太守"的雅号。

羊续作为一方太守，并没有借自己的官职谋取私利，也没有被眼前的利益所迷惑，没有心安理得地接受别人的礼物，而是严格地遵守了道德，给当地的官员树立了榜样，真可谓廉洁清明的典范。

仁义道德是一种境界，是一种追求，也是一种力量，它能使人无往而不胜。人生的成就往往是与德行修养成正比的，要想取得事业上更大的成功，就必须注意自己的德行修养。切不能打着仁义道德的幌子，为自己谋取私利，那不是德行修养，而是将道德作为一种工具，是小人的行为。

常闻逆耳之言，可扫除心上尘埃

原文

耳中常闻逆耳之言，心中常有拂心之事，才是进德修身的砥石。若言言悦耳，事事快心，便把此生埋在鸩毒中矣。

意译

耳中经常听到一些不顺耳的话，心里常常遇到一些不顺心的事，这些才是修身养性、提高德行的磨刀石；如果听到的话句句都顺耳，遇到的事件件都顺心，那么这一生就如同浸在毒药中一样。

清心智慧

《孔子家语》中有“良药苦口利于病，忠言逆耳利于行”的警训，这句话人们常说，道理也是显而易见的。忠言往往就是逆耳的语言，最有价值。假如一个人听忠实良言感到厌倦逆耳，不仅完全辜负了人家劝诫的美意，而且难以反省自己言行的缺点，就难以督促自己保持良好的品德。听到逆耳的忠言绝对不可气恼，如果人家一夸奖你就得意扬扬，你的生活就会显得轻浮，在无形中削弱了自己发奋上进的精神，最容易沉湎在自我陶醉的深渊中。

人生不如意之事常居八九，换句话说，人生在世要经常接受各种横逆和痛苦的考验，必须经过艰苦的奋斗才能走上康庄大道。要知道，想一生都称心如意根本是不可能的事。可惜的是一些肤浅之辈，一听逆耳忠言就拂袖而去，一遇不顺利就怨天尤人。

孟子说："天将降大任于斯人也，必先苦其心志，劳其筋骨，饿其体肤，空乏其身，行拂乱其所为。"就是告诉我们要经历各种困难才能磨砺出高尚的品格。"忠言逆耳""良药苦口"也说明一个人要有所作为必须先磨炼自己的品格，善于听取不同意见，勇于克服种种困难才行。

唐朝初年，魏王李泰喜欢文学，受到唐太宗的宠爱。朝中有些大臣认为李泰徒有虚名，很瞧不起他。唐太宗听闻此事勃然大怒，召众大臣责备道："隋文帝时，众大臣都被诸王踩在脚下。我如果放纵诸王，他们也这样做，早就折杀诸位并使诸位蒙受耻辱了。"

这时，魏征严肃地说道："若是法纪纲常被彻底破坏，固然不必理论。如今有圣明的君主在，魏王当然没有辱没群臣的道理。隋文帝骄纵他的儿子，最终做了刀下之鬼，这也值得效法吗？"

李世民听后停顿片刻，高兴地说道："我因私爱而忘公义，听了爱卿的话才知道自己理屈。"

俗话说"良药苦口利于病，忠言逆耳利于行"，这个世界上，再英明的君主，或者再有智慧的圣人都难免犯错。这时候，如果有人能在耳边提醒，让我们及时调适自己的心情和生活状态，处事保持清醒头脑，倒不失为一种福分。

三国时期，吴国孙权在执掌江山之初，受一些阿谀奸佞之徒的教唆，耽于游乐欢娱中不能自拔，幸有良臣张昭逆耳谏言，才振奋了精神。

有一天，孙权在武昌钓鱼台上大宴群臣，场面极尽奢华。这时酒至半酣的孙权便畅然说道："今天我们要不醉不归，把酒喝到极致。"

孙权话音未落，张昭便沉默地走出了钓鱼台。及至坐定车中，孙权派人叫张昭回来，说："只是为了高兴一下，您何必生气而扫了大家的兴致呢？"

张昭说："从前商纣王以此为乐，也并不认为是坏事，但最终自焚于鹿台之上。"

听闻此语，孙权面露羞愧之色，于是不再耽于吃喝玩乐，并在张昭的提点下日日精进，适时反省自己的错误，及时地进行自我批评，改正错误，因此，东吴基业才日益强大。

一个社会、一个团体、一个人都有不容易自知的问题和缺陷，必须有人来提意见才会觉悟。有人认为"各人自扫门前雪，莫管他人瓦上霜"即可，而不知自己的成败荣辱与许多社会、团体和个人可能息息相关，提意见是为了帮助别人，也是对自己负责的表现。

生活中，身为一个领导、管理者，只有广纳群言、虚怀若谷，才能听取到不同的意见，并吸收好的建议，总结失败教训，做出明智、深孚众望的决定。作为一个普通人，能虚心接受批评，才有可能做出非凡的事业。"若言言悦耳，事事快心，便把此生埋在鸩毒中矣"这句话说得一点也不为过。和那些经常受到批评、遭受生活逆境的人相比，反而是那些只听甜言蜜语、一生没有经历拂心之事的人进步比较缓慢，而且犯下的这种错误往往无法弥补，让人悔之晚矣。

如果我们对自己的错误讳疾忌医、遮遮掩掩，虽然可以蒙混一时，但日久天长，终有一日会酿成无法挽回的大错。所以，无论我们身处逆境还是顺境，都要保持一颗内视的心，并“耳中常闻逆耳之言，心中常有拂心之事”，只有这样我们的德业才会在磨砺中不断提高。

洁常自污出，注意打造谦虚的品格

原文

建功立业者，多虚圆之士；偾事失机者，必执拗之人。

意译

从古至今，能够建立大功业的，多是能够谦虚处世，圆融通达的人；而事业无成，总是错失良机的，就是那些执拗地固守成见的人。

清心智慧

文艺复兴时期的法国思想家蒙田说过这样一句话：“真正有

学问的人，就像麦穗一样，只要它们是空的，它们就茁壮挺立，昂首睨视。但当它们趋于成熟、饱含鼓胀的麦粒时，它们便谦虚地低垂着头，不露锋芒。”著名的哲学家苏格拉底被称为全希腊最有智慧的人，但是他却说：“我之所以被认为是最有智慧的人，是因为我知道自己一无所知。”

肤浅的知识使人骄傲，丰富的知识则使人谦逊，所以空心的禾穗高傲地举头向天，而饱满的禾穗则低头向着大地，向着它们的母亲。谦逊不仅是一种美德，还是你无往不胜的要诀，因为谦和、温恭的态度往往会使别人难以拒绝你的要求，这也是成功的开头，正如亚里士多德所说：“对上级谦恭是本分，对平辈谦逊是和善，对下级谦逊是高贵，对所有的人谦逊是安全。”

苏洵是北宋的文学家，与其子苏轼、苏辙合称“三苏”，三人都被列入“唐宋八大家”。苏洵在文学方面卓有贡献，但在小的时候，他很不爱学习，一直到了 25 岁才开始读书。几年之后，他自以为比同伴们学得好，目空一切，可当他在无意中读到谢安一篇让人爱惜时间、刻苦攻读的文章时，反复看了几遍，才知道自己还不如谢安，不由得发出感慨：“时光无情地飞逝，我已经快到而立之年了，自己虽然写过一些文章，都是些平庸之作，没有什么大的建树。自己如果现在不努力，那还要等到什么时候呢？”

从此，苏洵开始发愤苦读。经过一年多的时间，他觉得自己在学习上有了长进，便去参加了两场考试，但两次都落榜了。他觉得古人的“出言用意”跟自己都大不相同，就将《论语》、《孟子》、韩愈的文章取来，终日诵读，又读了七八年，感到古代文章确实写得好。

有一天，家里人看到苏洵的书房内冒出黑烟，还以为发生什么了事情，就急忙地赶了过去。进去一看，只见苏洵把一叠叠文稿往火炉里送。家人问他为什么把自己写的文章都烧掉。苏洵说，这些文章写得都不成熟，还不如当作废纸全部烧毁，以此来激励自己。从此，苏洵就谢绝宾客，闭门不出，夜以继日地辛勤研读书卷。发愤攻读了五六年，终于文章大进，下笔有神。

从上面的故事可以看出，苏洵正是以谦卑的心态不断地向他人学习，后来才成为一位大文学家。由此可见，真正的成功是依靠谦虚的心态不断学习，对于来自任何方面的意见，都能听得进去，并加以考虑。这样的人能做到在成绩面前不居功，不重名利；在困难面前敢于迎难而上，主动进取。

有这样一个比喻，一个人就好像是一个分数，他的实际才能好比分子，而他对自己的估价好比分母，分母越大，则分数的值越小，所以说人们不应为自己已有的知识和成绩感到骄傲。假如我们能够保持谦和的心态，则心胸可以扩展到无限。人们如能有此心态，则可以掌握更多的知识，取得更大的成绩。

因此，一个人不论自己有多丰富的知识，取得多大的成绩，或是有了何等显赫的地位，都要谦虚谨慎，不能自视过高。应心胸宽广，博采众长，不断地丰富自己的知识，增强自己的本领，进而取得更优秀的业绩。如能这样，则于己、于人、于社会都有益处。成功者尚且虚怀若谷、盈而亏之，更何况我们这些正为成功而拼搏的人呢？

德者才之主，做成功路上的有德之人

原文

德者才之主，才者德之奴。有才无德，如家无主而奴用事矣，几何不魍魉猖狂。

意译

一个人的品德是才学才干的主人，而才学才干只不过是品德的奴隶而已。一个人假如只有才学才干而没有品德修养，就等于一个家庭没有主人而由奴隶当家，这样哪有不使家中遭受精灵鬼怪肆意祸害的道理？

清心智慧

一个人如果才高八斗而德行不好，那么圣人连看也不看他一眼，只有德才兼备才是真正的人才。反之，一个人品质很好，能力虽然差了点，但他只要虚心好学，也就会逐渐有所进步，把事情做得更好。这样的人更值得我们尊敬。

其实，人不仅要培养自己的才智，更要修养自己的品德，两者都极其重要，缺一不可。商品社会人们的道德水准似乎在下降，但社会对个人的品德要求却越来越高。一个人恃才傲物，就是没有品德修养的明证。有的人喜欢猜忌，有的人喜欢窥探别人的隐私，有的人喜欢两面三刀，这样的人即使再有才能又有谁敢放心地任用呢？

品德需要用意志长久磨炼，需要我们静下心来慢慢地思考和品味，才能养成。可现实生活中，人们不重视品德的事情有很多。比如一些人只顾眼前利益而做出违背道德的事情，就严重地败坏了自己的品德，长此以往，也不利于自身的发展。所以，我们要注重品德的修养，不要被利益蒙蔽了双眼。

明朝开国皇帝朱元璋虽然是文盲，妻子也并非名门闺秀，但他的孩子们却都非常出色。这得益于朱元璋对孩子的教育。元朝灭亡的教训让朱元璋更明白“为政以德，譬如北辰，居其所而众星共之”的道理。毕竟，辛辛苦苦打来的江山岂能在自己百年之后就付诸东流？因此朱元璋非常重视子女教育，他认为，“德”既能补体，也可补智。他既重视教育孩子求知，更重视帮助他们“正心”，即品德教育。

一天，太子、诸王静候一旁，朱元璋严肃地训诫他们说：“你们知道‘进德修业’的道理吗？古代的君子，德充于内，又表现在外，所以器识高明，善道日多，恶行邪僻都退避三舍。自己修道已成，必能服人，贤者聚拢在你的周围，不肖者远避。能进德修业，则天下国家未有不治，不然就没有不失败的。”勉励诸子德才俱进，为日后治理国家奠定基础。

为了达到使诸子“进德修业”的目的，朱元璋还亲自为孩子的老师们制定了对孩子的教育方针。他说：“好师傅要做出榜样来，因材施教，培养人才。我的孩子们是要治理国事的，诸功臣子弟也要当官管事。教的法子，最重要的是正心，正了心，什么事都可办好；正不了心，各种私欲便乘虚而入，很要不得。你们须以实学教导，不要学一般文士，只是背诵辞章，毫无用处。”

根据这一方针，开国以后，朱元璋除在宫中建大本堂，收存古今图籍，聘请各地名儒，以儒家典籍教育诸子外，还精心挑选了一批有德行的士人，充当太子宾客和太子谕德，对诸子进行严格、系统的封建“德行”教育，尤其注意发挥师保们的作用。

基于“连抱之木，必以授良匠；万金之璧，不以付拙工”的思想，洪武元年立皇太子后，他便委开国重臣李善长、徐达、常遇春等分别兼任太子少师、太子少傅和太子少保，让他们“以道德辅导太子”，“规诲过失”，使太子有了长足进步。特别是被称为“开国文臣之首”的宋濂，对太子的德行修养影响最大。

从朱元璋教育子女可以看出他主张：百学德先行，育教先育德。一个人如果想要学富五车，才高八斗，首先要把自己的德行修炼好。

或许我们每个人心中都住着一个品行不良的“魔鬼”，因而在外界强烈的刺激和引诱下，加之道德意志比较薄弱，不能够以正确的观念遏制某些恶的欲望，逐渐养成了很多恶习。因此，要坚决地制止心中的“恶魔”，培养自己高尚的道德，同时加强自己的知识素养，唯有如此，才能让自己成为德才兼备的人。

品德是才能的主人，才能是品德的奴仆，这个比喻是很独特的，也十分恰当。一个人如果缺“德”，无论他有多么渊博的知识，多么强的能力，多么高的水平，都不能称得上一个完善的人。

保持良知，带来长久的成功

原文

山林之士，清苦而逸趣自饶；农野之人，鄙略而天真浑具。若一失身市井驵侩，不若转死沟壑神骨犹清。

意译

隐居在山野林泉的人，物质生活虽然很清苦，但是精神生活却很充实；从事农业生产的人，学问知识虽然浅陋，但是却具有朴实纯真的天性。假如一旦回到都市变成一个充满市侩气的奸商而蒙受污名，倒不如死在荒郊野外还能保持清白的名声。

清心智慧

古人的义利观是重义而轻利，人们看重的是保持自己的良知。所以，古人对中介经纪和经商贸易的人是最看不起的，以为他们奸猾而失去人的本性，这一观点本身虽然有失偏颇，但置身市井之中难免面对更多的诱惑。如果在利益面前，做出违背良知的事，就确实应该遭到鄙视了。这也是在告诉我们，以后在做事情的时候，一定要本着良心做事，不要因为贪图利益，做一些危害国家或者他人的事情。

要知道，品德的影响力是深而广、远而久的，即使隐居山林抑或埋名市井，高尚的品德、清洁的名誉也不会因环境的沉寂而被泯灭。但凡明智的人，都重视名誉若爱惜羽毛，譬如先哲孟子。

一次孟子在去齐国的路上，巧遇弟子充虞，师徒对话间，孟子一句“如欲平治天下，当今之世，舍我其谁也”如一股浩然正气奔涌而出，瞬间便“沛乎塞苍冥”。正是这股浩然正气使孟子不与混乱的现实环境妥协，始终坚持自己的理想和人格，恪守自己的道德操守。像孟子这样的圣人，并不是不懂得怎样去“阿世苟合”，向时代风气妥协，以便获取利益。他其实“非不能也”,而是不肯为也。坚守自己的良知,宁可为正义穷困受苦，也不愿苟且现实，追求那些功名富贵。这就是圣人的人格。

世间既有这样以品格立身的人，也有受利欲驱使而陷于不义的恶人。那些品格低下的人，即使地位再高、权势再大，也不会赢得他人的尊重，甚至会被人唾弃。

在美国南北战争的一场战役中，南方奴隶主率领的军队把萨姆特堡包围了。北方军队的一个陆军上校接到命令，让他保护军用的棉花，他接到命令后对长官说：“我不会让一袋棉花丢失的。”

没过多久，美国北方一家棉纺厂的代表来拜访他，说：“如果您手下留情，睁一只眼闭一只眼，您就将得到 5000 美元的酬劳。”

上校痛骂了那个人，把厂长和他的随从赶了出去，说：“你们怎么有这么卑鄙的想法？前方的战士正在为你们拼命，为你们流血，你们却想拿走他们的生活必需品。赶快给我走开，不然我就要开枪了。”那个厂长见势不妙，就灰溜溜地逃走了。

战争为南北两地的交通运输带来了阻碍，许多南方农场主生产的棉花运不到北方，因此，又有一些需要棉花的北方人来拜访他，并且许诺给他1万美元的酬劳。

上校的儿子最近生了重病，已经花掉了家里的大部分积蓄，他刚刚还收到妻子发来的电报，说家里已经快没钱付医疗费了，让他想想办法。上校知道这1万美元对于他来说就是儿子的生命，有了钱儿子就有救，可他还是像上次一样把贿赂他的人赶走了。因为他已经向上司保证过："不会让一袋棉花丢失。"

又过不久，第三拨人来了，这次给他的酬劳是2万美元。上校这一次没有骂他们，很平静地说："我的儿子正在发烧，烧得耳朵听不见了，我很想收这笔钱。但是我的良心告诉我，我不能收这笔钱，不能为了我的儿子害得十几万士兵在寒冷的冬天没有棉衣穿，没有被子盖。"

那些来贿赂他的人听了，对上校的品格非常敬佩，他们很惭愧地离开了上校的办公室。后来，上校找到他的上司，对上司说："我知道我应该遵守诺言，可是我儿子的病很需要钱，我现在的职位又受到很多诱惑，我怕我有一天把持不住自己，收了别人的钱。所以我请求辞职，请您派一个不急需钱的人来做这项工作。"

他的上司非常赞赏他诚实正直的品性，最终批准了他的辞职申请，并且帮助他筹措了资金来支付医药费。

面对诱惑，陆军上校能始终坚持道义和良知，从他身上我们看到了正义之光。君子身处世间，心中都应该有一个准则：天下事有的可为，有的不可为；有的应该做，有的不该做。

孔子也曾说："富而可求也，虽执鞭之士，吾亦为之；如不可求，从吾所好。"孔子认为违反原则以求富贵，那是不可以的。换句话说，一个人做什么并不重要，关键在于他能否坚持自己内心的良知。一个品性正直的人，无论什么时候，都不会违背自己的良知。

不要与诱惑争辩，躲开它

原文

欲路上事，毋乐其便而姑为染指，一染指便深入万仞；理路上事，毋惮其难而稍为退步，一退步便远隔千山。

意译

欲念方面的事，不要因为贪图眼前的方便而随意沾染，一旦放纵自己就会堕入万丈深渊；义理方面的事，不要因为害怕困难而退缩不前，一旦退缩就会与真理远隔万水千山。

清心智慧

诱惑是存于世上的一种奇怪的东西，常让人为之疯狂而不能自己。很多人一生不断地被欲念刺激，为诱惑折磨一生。孟德斯鸠说："不要试图同诱惑争辩，躲开它，躲得远远的。面对诱惑动不动心并不重要，严重的是为了诱惑而动摇自己的良心。"

身处这个纷繁复杂的社会,诱惑无处不在。面对考验和诱惑，有的人经受住了，保持本色，并把它转化为生命的动力，经过自己的不懈努力到达理想彼岸；有的人却深陷其中不能自拔，并不择手段，最后与自己的愿望背道而驰，落得不应有的下场。人心不足蛇吞象，就是对人们无法直视诱惑的最好诠释。

欲望方面的事情，绝对不要贪图轻易可得的便宜，如果不合理地据为己有，过分贪占就会坠入万丈深渊。相反，我们要不断地修养自己的德行，使自己面对各种诱惑都能无动于衷，不断地完善自己，打造高尚的品格。

从前,有两个人决定一起到遥远的圣山朝圣。两人背上行囊，风尘仆仆地上了路，誓言不达圣山朝拜，绝不返家。

两个人走了两个多星期之后，路上遇见一位白发年长的圣者。这圣者看到两位如此虔诚的人千里迢迢要前往圣山朝圣，就十分感动地告诉他们："从这里距离圣山还有十天的路程，但是很遗憾，我在这十字路口就要和你们分手了。而在分手前，我要送给你们一个礼物。什么礼物呢？就是你们当中一个人先许愿，他的愿望一定会马上实现；而第二个人，就可以得到那个愿望的两倍。"

此时，其中一人心里想："这太棒了，我已经知道我想要许什么愿，但我不要先讲，因为如果我先许愿，我就吃亏了，他就可以有双倍的礼物！不行！"而另外一人也自忖："我怎么可以先讲，让我的朋友获得双倍的礼物呢？"

于是,两个人就开始客气起来。"你先讲嘛！""你比较年长，你先许愿吧！”“不,应该你先许愿！”两个人彼此推来推去,“客套地”推辞一番后，就开始不耐烦起来，气氛也变了,“你干吗！你先讲啊！”“为什么我先讲？我才不要呢！”

两人推到最后，其中一人生气了，大声说道：“喂，你真是个不识相、不知好歹的人呀，你再不许愿的话，我就把你的狗腿打断，把你掐死！”

另外一人没有想到他的朋友居然变脸，竟然恐吓自己！于是就想，你这么无情无义，我也不必对你太有情有义！我没办法得到的东西，你也休想得到！于是，这个人干脆把心一横，狠心地说道：“好，我先许愿！我希望我的一只眼睛瞎掉！”这个人的一只眼睛马上瞎掉了，而与他同行的好朋友的两只眼睛也立刻都瞎掉了！

这个故事中的那两个人的下场多么可悲，而导致他们悲惨结局的恰恰是他们心中那种挥之不去的欲望。

其实，人人都有欲望，都想过美满幸福的生活，都希望丰衣足食，这是人之常情。但是，如果把这种正常的欲望变成不正当的欲求，变成无止境的贪婪，那我们就在无形中成了欲望的奴隶。在欲望的支配下，我们不得不为权力、地位和金钱而折腰。我们常常感到非常累，但是仍觉得不满足，因为在我们看来，很多人比自己生活得更富足，很多人的权力比自己大。所以我们别无出路，只能硬着头皮往前冲，在无奈中透支着体力、精力与生命。

孟子说“富贵不能淫，贫贱不能移，威武不能屈”，面对诱惑，如果想过的依然轻松随心，我们要用意志战胜它，才不会陷入其中；只有勇于和善于摆脱诱惑，保持一颗淡定之心，人生的路才会少一些伤害，多一些安宁。

自省克己，心无妄念

——养身观心的智慧

妄心尽消真心后现，规范自我言行

原文

矜高倨傲，无非客气；降服得客气下，而后正气伸。情欲意识，尽属妄心；消杀得妄心尽，而后真心现。

意译

一个人之所以有矜气高傲的态度，无非是受到外来而非出自至诚血气的影响，只有消除客气，心中的浩然之气才可以伸张出来。心中的七情六欲都是意念活动的妄想，只有消除这些虚幻无常的妄念，真正的本心才会显现出来。

清心智慧

人都要以正气为主心骨，因为正气乃天地之气，也就是孟子所说的浩然之气。我们的身体如同小宇宙和小天地，在身体中支配我们的就是正气，这种正气光明正大，绝不为利害所迷失。所谓“情欲意识尽属妄心”乃是指各种情欲，而情欲是一种“妄心”，不消除这种妄想，真心就不会出现。

在生活中，我们要抛掉妄心，就得学会审视自我，规范自己的行为。当我们懂得站在别人的位置来审视自己，用别人的眼光来观察自己时，才知道自己有哪些地方需要改进。

夏朝时，叛者诸侯有扈氏率兵入侵，夏禹派他的儿子伯启抵抗，结果伯启被打败了。他的部下很不服气，要求继续进攻，但是伯启说："不必了，我的兵比他多，地也比他大，却被他打败了，这一定是我的德行不如他，带兵方法不如他的缘故。从今天起，我一定要努力改正过来才是。"从此以后，伯启每天很早便起床工作，粗茶淡饭，照顾百姓，任用有才干的人，尊敬有品德的人。过了一年，有扈氏知道了，不但不敢再来侵犯，反而主动投降了。

从上面的故事我们可以看出，伯启能肯虚心地检讨自己，马上改正缺失，不仅是一个成功的人，还是众人归附的领袖。伯启这段佳话很明晰地告知人们，一个虚怀若谷、自知自改的人是会让对手退却的。

其实，真正有能力的人，不是那些心存妄想、自吹自擂的人。成功的人最可怕的敌手不是别人，而是身体里那一颗一触即胀的"妄心"。在现实生活中，人们常常抱怨别人对自己不好，周围的环境不足以让自己施展抱负，却很少反省自己，所以就想借着更换环境或结交新的朋友来改变尴尬的境遇。

就以工作为例，社会上有一种很常见的现象就是员工频繁辞职，被问及原因时，大多数人的回答是人际关系不好相处、工作内容简单乏味或现在的职位不能激发自己的潜能等。总而言之就是庙小屈才。

但是职场中人很少会意识到，当我们这样给自己找借口时，实际上只看到了问题的一个方面。因为单单站在自己的立场思考问题，当然会一味地认为自己周边的环境与自身所具备的才华格格不入，却忽略了现实本身所存在的弊端，往往把自己定位得太高，对自己所追求的目标过于理想化，而真正行动时却常常碰壁，难免失败。可以说，这种例子屡见不鲜。

在现实生活中的很多事情都可以表明人们缺乏对问题的思考和自我反省态度，以及对社会、对自身条件的认识能力。如果把自省和妄心比作人生既有的两个口袋的话，通常情况下人们会把自省的袋子挂在背后，妄心的袋子则挂在胸前。因此人们总是能够很快地看见令人眼花缭乱的欲念，而对自己渐渐膨胀的矜高妄心却熟视无睹。

俗话说：一颗反省的心远胜过一张炫耀的嘴，与其一天到晚地追逐海市蜃楼，倒不如回过头来好好地检点自己。所以我们在遇到问题、报怨周遭环境或他人时，应首先审视自己的内心是否有不合时宜的妄想，如果有的话，就要先清除胡思乱想的念头，让真正的本心显露。这样，就不至于让自己骄矜，才能找到解决问题的办法。

降伏心魔，万事讲究心平气和

原文

降魔者，先降自心，心伏则群魔退听；驭横者，先驭此气，气平则外横不侵。

意译

要想降伏恶魔，必须首先降伏自己内心的邪念，只有把自己内心的邪念先去除了，所有的恶魔才会消除；要想驾驭横逆之人，必须首先控制自己浮躁的情绪，只有把自己的浮躁情绪控制住了，那些外来的横逆之事才不会侵入。

清心智慧

对于个人的修养来讲，表面的邪恶容易看到、克服，而内在的缺点却会成为无形的障碍。所谓“破山中之贼易，破心中之贼难”，人生最大的敌人就是自己，必须先制服内心邪念才能踏上进德修业的坦途。

在现实生活中，每个人都难免会遇到这样或那样的困扰，关键是要有一种平心静气的心态，少一些计较，多一些宽容。

这样，无论遇到什么事情，都会平心静气地对待。如果使生命失去原有的宁静和安然，那无疑是对心灵的一种自戕。

然而，很多人却常常陷于愤怒、忧郁、恐惧等消极情绪中不能自拔。人生不如意之事十有八九，如果我们对每一件不如意的事情都耿耿于怀，不能做到平心静气，让自己心绪欠佳，那么在做事情的时候必然会受到不良情绪的影响，走上极端。所以，无论在什么情况下，我们都必须控制住自己的情绪，不能让愤怒冲昏了头脑，尽量让自己心平气和。

有一天，一家餐厅里的一位客人正在用餐，突然就嚷了起来："服务员！你过来一下！"等服务员走到他面前，那位顾客指着面前的杯子，怒气冲冲地说："看看！你们店里的牛奶怎么是坏的，把我好好的一杯红茶全给糟蹋了！"

"真对不起！"服务员连忙赔不是，带着歉意的微笑说，"我立刻给您换一杯。"

新的红茶很快就给那位顾客送来了。小姐将红茶轻轻放在顾客面前，又轻声地说："我建议您在喝茶的时候，如果放柠檬，就请不要加牛奶，因为有时候柠檬酸会造成牛奶结块，破坏红茶的味道。"

听完这句话，那位顾客的脸一下子就红了，他匆匆喝完茶，急忙就走出了餐厅。

这时，其他的人就问那位服务员："明明是他的错，自己不懂得喝红茶不能同时放柠檬和牛奶的道理，你为什么不直接说他呢？而且他还那么粗鲁地叫你，你为什么不借机还以一点颜色，让他难堪出丑呢？"

那位服务员却依旧微笑着说："正因为他粗鲁，所以我才要用委婉的方式对待。做人要心平气和，只有理不直的人才会用气壮来压人，人应懂得以平心静气来处理问题！”

这位服务员用平心静气的处事方式化解了顾客的愤怒。试想，如果那位服务员用一种鄙视的态度对那位顾客说：“明明是你自己老土，在红茶里又放柠檬又放牛奶，造成牛奶结块，反倒怪起我们来了，还讲不讲理啊？”这就会破坏餐厅的气氛，引起其他顾客的不满，使得其他不知其中原因的顾客错以为这家餐厅服务态度不好，破坏了餐厅的形象，间接地为餐厅带来损失。

人生就是如此，从容淡定就是另一种活法，另一番境界。这就好比下雨天，匆忙奔跑着去躲雨的人淋成了落汤鸡，而漫步赏雨的人，虽然浑身湿透但心境却是明朗的。相比之下，淡然欣赏雨景的人，其实更懂得从容生活的智慧。

因此，在生活中，随时保持平和的心态是至关重要的。当我们心情激动之时，应停止身体的动作，静坐下来，心情就会自然而然地稳定下来。假如感情如平波静水一般，那么火气就会消失，这样可以节省精力，进而使你的行动急缓有序，成为一个有涵养的人。所以，赶快收敛你的愤怒，化戾气为祥和，这样你才能让愤怒的火山在即将喷涌时熄灭，并转化为一种平和的力量，也能让事情向一种好的趋势发展。

出世之道，寻在涉世——拥有超凡心态，从容面对生活

原文

水不波则自定，鉴不翳则自明。故心无可清，去其混之者而清自现；乐不必寻，去其苦之者而乐自存。

意译

水面没有涟漪和波动，那么它就是平静的，镜子没有被尘土掩盖光华，那么它就是明亮的。所以，人的内心中没有什么需要刻意清理的杂尘，只要祛除我们在尘世间的污秽杂念，那么来自于内心深处的平静明亮就会显现；幸福感也不必刻意去追寻，只要排除掉现实生活中的痛苦，那么超脱于俗世生活的快乐之心就会显现出来。

清心智慧

《庄子·德充符》有言曰："人莫鉴于流水，而鉴于止水。唯止能止众止。"意思是说，人不能鉴于流水，因为流水不是平的，只有止水才能鉴人。所以，水平不流，能够做到昼夜都在止水澄波中，便是淡定从容的境界所在。

在社会高速发展的今天，虽然人们的生活水平得到了极大提高，可物质的丰富却无法填补心灵的空虚。我们每天都在忙碌、不安和烦恼中度过，一个烦恼过去，下一个烦恼又来了。总之，各种各样的烦恼层出不穷，永不停息，让我们的生活无法从容。于是，每个貌似平静的表面之下都隐藏着一颗烦躁不安的心。

有个人在经过两山对峙间的木桥时，桥突然断了。可奇怪的是，他并没有跌下，反而停在了半空中。这时他的脚下是万丈深渊，是湍急的涧水。他害怕极了，不禁抬头仰望。一架天梯荡在云端，可看起来是那么的遥不可及。倘若落在悬崖边，他绝对会乱抓一气的，哪怕抓到一根救命小草。可是身处这种境地，他无法从容镇静地面对。他彻底绝望了，吓瘫了，心慌意乱，不知如何是好。渐渐地，天梯缩回云中，不见了影踪，云中传来佛的声音，其实这是障眼法，他只要轻轻踮起脚尖儿就可以够到天梯，如果手足无措，不能从容面对，自乱阵脚，便会真的陷入绝境。

古人说："人有悲欢离合，月有阴晴圆缺。"是的，世间的很多事情是我们无从把握的。生命是一个不断变化的过程，也是一种无法强求的机缘。既然如此难以把握，我们倒不如从容面对，于从容中活出另一番境界。

对生活保持乐观心态的人，总能看到前方的希望；淡定从容的人，总能看到美好的生活。其实，每个人都会遭遇到困难和挫折，如果被挫折和困难打倒，就上了命运的当。唯有我们在挫折、逆境中保持一颗从容淡定的心，生活才会更有意义和价值。

一位秀才进京赶考，考试前他做了三个梦。

第一个梦是梦到自己在墙上种白菜；第二个是梦到下雨天，

自己既戴着斗笠又打着伞；第三个是梦到自己和表妹躺在一起，却是背靠着背。

人一遇到紧张的事情就容易胡思乱想，这位秀才也是，害怕这是对这次考试的某种征兆，于是赶紧找人解梦。

算命先生听完，说道："你还是趁早回家吧。你看，这高墙上种菜岂不是白费劲吗？而戴着斗笠打着雨伞更是多此一举。另外，你都已经跟表妹躺在一张床上了，却还是背靠背，不是代表你们两人没戏吗？"

秀才听完，感觉很有道理，同时也变得心灰意冷，于是回到客栈收拾东西准备回家。而这一举动正好被店老板看到，店老板就好奇地问："明天才开始考试，为何你今日便收拾行李准备返乡呢"秀才便一五一十地说明事情经过。

店老板听完，哈哈大笑，说道："小伙子，我也会解梦。我倒觉得你一定要留下来。因为这梦境都显示出来了，你看，这墙上种菜不就是高中吗？戴斗笠打伞更是说明这次考试是有备无患；你跟表妹背靠背躺在床上，却有轻松翻身的好事，这都说明你的机会来了。"

秀才一听，更有道理，于是心中的哀伤全部散去，精神振奋地参加考试，居然中了个探花。

这个故事虽然荒诞却蕴含着丰富的道理，即外界无论如何变化无常，只要心中保持乐观平和，就可以祛除心中害怕担忧的恶魔，而变得波澜不惊，从容生活。

以从容的心态做人，以淡然的心态做事。在日常的生活中，常怀出世之心，才能看淡功名利禄、才能放得下愤懑幽怨；常怀入世之志，满腔抱负才能施展得开，生命之翼才能飞得起。做人当如隐士，在滚滚红尘中淡泊明志，羽扇纶巾，泰山崩于前而面不改色；做事当如战士，在人生战场上披坚执锐，长剑既出，虽千万人吾往矣！

心见不乱，随遇而安

原文

把握未定，宜绝迹尘嚣，使此心不见可欲而不乱，以澄悟吾静体；操持既坚，又当混迹风尘，使此心见可欲而亦不乱，以养吾圆机。

意译

当意志还没坚定、不能把握控制时，就应远离物欲环境的诱惑，以便让自己看不见物欲因而不会心神迷乱，只有这样才能领悟到清明纯净的本性；等到意志坚定可以进行自我控制时，就要让自己多跟各种环境接触，使自己看到物质的诱惑也不会心神迷乱，借以培养自己圆熟质朴的灵性。

清心智慧

一个品德高尚、意志坚定的人，有自己的行为准则，就难以迷失方向。远离尘嚣，即心不见可欲而不乱。但这只是心灵修行的第一步，更高的一层境界，是在浊世中慢慢修习到身心清净，这样的学问修养可达到微妙玄通、深不可测的境界。那么，如何能够在浊世中慢慢修习到身心清净呢？一言以蔽之，即止水澄波。

一杯浑浊的水，长久平静下来，浑浊的泥渣自然沉淀，终至成为一杯清水。心如止水，由浊到静，由静到清，在浑浊动乱的状态下平静下来，慢慢稳定，使之臻于纯粹清明的地步，不容尘埃，亦没有金屑，纯清绝顶。

但凡有成就的人想问题、做事情都能够顺其自然，保持一份淡然的心境，同时也乐在其中。这并不是削弱人的斗志和进取精神，而是在知足的乐观心态中，他们会认真洞察取得的成功，总结经验，进而乐于进取，乐于开拓。然而现实中的“俗人”往往因穷困而潦倒，只有聪明的智者，才能随遇而安，不受任何影响地享受生命的快乐。

宋神宗熙宁七年秋天，苏东坡由杭州通判调任密州知州。我国自古就有“上有天堂，下有苏杭”的说法，北宋时期杭州早已是繁华富足、交通便利的好地方。密州则属于古鲁地，交通、居处、环境都没法儿和杭州相比。

苏东坡刚到密州的时候，那里连年歉收，人民生活很困苦，并且到处都是盗贼。因此，苏东坡和家人有时常用枸杞、菊花等野菜做口粮。人们都认为苏东坡先生过得肯定不开心，不快乐。

令人想不到的是，苏东坡在这里待了一年后，竟然胖了，甚至过去的白头发有的也变黑了。人们都非常奇怪，有些人就问他，为什么这里生活这么贫困，你却长胖了，并且白头发也少了呢？

苏东坡笑着说道：“这里有很淳厚的民风，我很喜欢这里的民风；这里的百姓都非常乐意接受我的管理，自然我的管理也就不费那么多心思了。于是我就有闲情整理花园，清扫庭院，修整破漏的房屋；在我家园子的北面，有一个旧亭台，稍加修补后，我时常登高望远，放任自己的思绪，做无穷遐想。往南面眺望，是马耳山和常山，隐隐约约，若近若远，大概是有隐君子吧！向东看是庐山，这里是秦时的隐士卢敖得道成仙的地方；往西望是穆陵关，隐隐约约像城郭一样，师尚父、齐桓公这些古人好像都还存在；向北可俯瞰潍水，想起淮阴侯韩信过去在这里取得的辉煌业绩，又想到他的悲惨命运，不免慨然叹息。这个亭台既高又安静，夏天凉爽，冬天暖和，一年四季，早早晚晚，我时常登临这个地方。自己摘园子里的蔬菜瓜果，捕池塘里的鱼儿，酿高粱酒，煮糙米饭吃，真是乐在其中啊。”

其实，一个人的思想，一旦升华到追求崇高理想的层面，就能够放宽心境，不为物累，随时随地去享受人生了！真正有修养、有品位的人，他们活得快乐，但所乐也并非那种贫苦生活，而是一种不受物役的“知天”“乐天”的精神境界。

让自己的心灵不容尘埃，亦不容金屑，随着本性的淳朴，看透人生，深知天命，心平气和，与世无争，不计得失，随遇而安，一切处之泰然，顺其自然，不求辉煌，只求坦荡，心情自然舒畅。

这个世界并不缺少快乐，缺少的是安静的心灵。所以，人生在世，要学会知足知止，没有过多物欲俗情的牵挂，保持一种自然、平常心，就会消解一切烦恼，生活得恬然自得，自然就能达到人生美好的境界。这不仅是一种高于肉体的快乐，也是通往真正成功的秘诀。

晚年更宜精神百倍

原文

日既暮而犹烟霞绚烂，岁将晚而更橙桔芳馨。故末路晚年，君子更宜精神百倍。

意译

在夕阳西下时，天空出现的晚霞放射出灿烂的光彩，绚丽夺目；在晚秋季节时，橙橘正结出芬芳金黄的果实。所以到了晚年的时候，一个有德行的君子更应该精神百倍奋发有为。

清心智慧

通常来讲，人们习惯于分年龄段计算一生的作用，在现代社会更重视年轻人的闯劲，发挥其创造力，以致有人慨叹“人到中年万事休”，这种悲观消极的观点自然是不可取的。

“岁寒，而后知松柏之后凋也”，人到晚年固然有夕阳黄昏之叹，但“老当益壮”、“老骥伏枥”之雄心更显辉煌。所以，四五十岁的中年依然是一个人奋发有为创造事业的黄金时代。人的一生，没有精神追求，即使是正当少年，但颓靡自堕，又有何用？！有精神追求和理想抱负，即使在黄昏暮年却生机勃勃，又何来“徒伤悲”之叹？

马援生于西汉成帝永始三年，其祖先是战国时期赵国名将赵奢，秦灭赵后，子孙为避祸而以马为姓。

马援 12 岁时，父亲去世。马援“少有大志，诸兄奇之”。他曾跟人学习《齐诗》，但其心不在章句上，学不下去。于是想辞别兄长去边郡从事田牧。兄长马况鼓励他说：“汝大才，当晚成。良工不示人以朴，且从所好。”还没等马援做出决定，结果兄长病故，马援便留在家中，为哥哥守孝一年。

马援长大以后，当了扶风郡的督邮。有一次，郡太守派他送犯人到长安，但在路上他心生怜悯，不忍心把犯人送去受刑，就将其放走了。马援自己也因此丢了官，开始了逃亡生活，后来遇上大赦才得解脱。后来他安心搞起了畜牧业和农业生产。他种田放牧，能够因地制宜，多有良法，因而收获颇丰。当时，共有牛羊几千头，谷物数万斛。时日一久，不断有人从四方赶来依附他，于是他手下就有了几百户人家供他指挥役使。

物质上的富足并未削减马援的胸中之志。对着这田牧所得，马援慨然长叹：“凡殖货财产，贵其能施赈也，否则守钱虏耳。”他常对宾客说：“大丈夫立志，穷当益坚，老当益壮。”于是，他将财产都分给亲朋好友，自己则穿着羊裘皮裤，过着清简的生活。

王莽统治末年，天下大乱，四方兵起。马援时任新城大尹。王莽失败后，马援则羁留西州。

后来，马援成了东汉有名的将领，为光武帝立下了很多战功。马援与其他开国功臣不同，大半生都在“安边”战事中度过。马援为国尽忠，殒命疆场，实现了马革裹尸、不死床箦的志愿。

对马援来说，一生追求的是生命不息，奋斗不止。对我们普通人来说也是同样的道理。有时候，年龄只是一个数字而已。如果我们认为自己衰老，自然会变得老气横秋；如果我们认为自己年轻，就会变得生机勃勃。人的一生必然从青年走向老年，但只要珍惜和把握，无论在哪一个年龄段，都可以创造人生美境。

岁月不可避免地会在你的皮肤上留下苍老的皱纹，但若保持热情，时光也无法在心灵上刻下痕迹。保持内心的年轻，意味着放弃舒适的温室和享受而去开创生活，意味着具有超越羞涩、怯懦的胆识和勇气。有这种乐观心态和雄伟志向的人永远不会服老，即使年逾花甲也不逊于年轻人。由此可见，没有人仅仅因为时光的流逝而衰老，只有放弃自己的理想、消极面对世事的人才会变成真正衰败的老者。

除热自心凉，除穷于安乐

原文

热不必除，而除此热恼，身常在清凉台上；穷不可遣，而遣此穷愁，心常居安乐窝中。

意译

不一定要除去暑热本身，只要去除暑热带来的烦恼，身体就像坐在凉台上一样凉爽；穷困不一定要用什么特殊的方法改变，只要排除穷困带来的忧愁，就能保持安乐的心境。

清心智慧

可以说，人们是通过"眼神"来感知外界的，先入眼，形成相应概况，再入心，影响人们的思想。道家养身修心有先管住自己眼睛的说法，即不让各种复杂的事物进入内心，自然也就不会变得心猿意马。

而这只是修行最浅薄的做法，真正的智者是不断夯实自己的内心，使之平静。当人们拥有平常心态时，五官所听到的、所看到的、所闻到的以及所尝到的才有可能是甜蜜和幸福；只有保持这样安乐自然的心态，我们才能把所有的烦恼化为无形，这样的人生才会获得更大的满足和快乐。

帕格尼尼是世界著名小提琴家。他一生备受病魔打击，4岁时，一场麻疹和强直性昏厥症，差点使他丧命。7岁时他又患上了严重的肺炎。46岁时牙床突然长满脓疮，拔掉了几乎所有的牙齿。后又染上可怕的眼疾，几乎失明。50岁后，关节炎、肠道炎、喉结核等多种疾病吞噬着他的肌体。后来声带也坏了，靠儿子按口型翻译他的思想。他仅仅活了57岁，就口吐鲜血而亡。

可能有人认为，帕格尼尼的一生几乎都在苦难中度过，但是依靠不向命运低头的顽强意识和对生活的平淡处理，帕格尼尼12岁时就举办首次音乐会，并一举成名，轰动舆论界。之后他的琴声遍及法、意、奥、德、英、捷等国。他的演奏使帕尔玛首席小提琴家罗拉惊异得从病榻上跳了下来，木然而立，惊叹不已。

他用独特的指法、弓法和充满魔力的旋律征服了整个欧洲和世界，几乎欧洲所有文学艺术大师，如大仲马、巴尔扎克、司汤达等都听过他的演奏并为之激动。音乐评论家勃拉兹称他为“操琴弓的魔术师”。

歌德也评价他“在琴弦上展现了火一样的灵魂”。李斯特大呼：“天啊，在这四根琴弦中包含着多少苦难、痛苦和受到残害的生灵啊！”

一面是难以忍受的各种病痛折磨，另一面是安乐心内下坚强地生活。虽然帕格尼尼经历了很多苦难，但是他以足够强大的宁静内心面对人生，将自己变成幸福的来源地，因此获得的成就和创造的奇迹自然是令人敬佩。人们只有在苦难中学会坚强和忍耐，性格才能变得平和达观，进而形成一种强者心态。

在人的一生当中，难免遭遇一些很难解决的事情，这时心中常常犹如被盘根错节的烦恼纠缠住，茫茫然不知如何面对。如果能静下心来思考，保持积极的心态，由内向外形成对抗困境的动力，问题自然就迎刃而解了。

大凡终日烦恼的人，实际上并不是遭遇了多大的不幸，而是自己的内心对生活的认识存在着片面性，内心无力而已。作家吴淡如女士曾经在她的文章中提到过这样一组数据："我们的烦恼中，有40%属于杞人忧天，那些事根本不会发生；30%是无论怎么烦恼也没有用的既定事实；另12%是事实上并不存在的幻象；还有10%是日常生活中微不足道的小事。也就是说，我们的脑袋中有92%的烦恼都是自寻烦恼，活该你烦恼。只有8%的烦恼勉强有些正面意义。"

正如"心静自然凉"的道理一样，烦恼的情绪就像我们心灵花园中的垃圾，要给予清理才能保证不被污染损害。而内心和意识是最勤劳的清洁工，如果内心足以清除一切杂物，心境就会变得快乐和幸福，即便是出现让人烦恼的问题也会变成磨砺人们的基石。

所以，在忙碌、纷扰的生活中保持一颗清静的心，这是每一个人必须谨记的真理。人的心灵就是一方广袤的天空，它包容着世间的一切；心灵是一片宁静的湖水，偶尔也会泛起阵阵涟漪；心灵是一块皑皑的雪原，它辉映出一个缤纷的世界。舍弃了无谓的烦恼，保持安乐的心境，我们才能享受到生活的美好和幸福。

苦因执念起，有一分执着便有一分难过

原文

心无其心，何有于观。释氏曰："观心者，重增其障。物本一物，何待于齐？"庄生曰："齐物者，自剖其同。"

意译

人心如果不生出私心杂念，何必要去观心呢？佛家说："观心反而是增加修持的障碍。天地间的万物原本是一体的，何必等待人去划一？"庄子说："物我齐一，是把本属同一体的东西分开了。"

清心智慧

禅宗六祖惠能曾做过这样一首诗"菩提本无树，明镜亦非台，本来无一物，何处惹尘埃"。其意是，菩提树是空的，明镜台也是空的，身与心俱是空的，本来没有一物的空，又怎么可能惹尘埃呢？简单几句诗启发了无数红尘内外的人，只因它蕴含着一种超脱自我的精神。

一切皆是虚空，可是参透这句话的人古往今来又有多少？

人活着的时候，不知道自己是在做梦，所以才执着于梦中的悲喜，殊不知，这悲喜就像梦本身一样虚幻，而且可能与真实的情况完全相反。很多人往往在快走到人生尽头的时候，才有了“恍然如梦”的感觉。中国古代流传下来许多“恍然如梦”的故事，读来让人回味无穷。

相传，唐代有个叫淳于棼的人，嗜酒任性，不拘小节。一天适逢生日，他在门前大槐树下摆宴和朋友饮酒作乐，喝得烂醉，被友人扶到廊下小睡。迷迷糊糊中仿佛有两个紫衣使者请他上车，马车朝大槐树下一个树洞驰去。但见洞中晴天丽日，别有洞天。车行数十里，行人络绎不绝，景色繁华，前方朱门悬着金匾，上书“大槐安国”，有丞相出门相迎，告称国君愿招他为驸马。淳于棼十分惶恐，不觉已成婚礼，与金枝公主结亲，并被委任“南柯郡太守”。淳于棼到任后勤政爱民，把南柯郡治理得井井有条，前后20年，上获君王器重，下得百姓拥戴。这时他已有五子二女，官位显赫，家庭美满，万分得意。

不料檀萝国突然入侵，淳于棼率兵拒敌，屡战屡败，公主又不幸病故。淳于棼连遭不测，失去国君宠信。他辞去太守职务，扶柩回京，心中郁郁寡欢。后来，君王准他回故里探亲，仍由两名紫衣使者送行。车出洞穴，家乡山川依旧。淳于棼返回家中，只见自己睡在廊下，不由得吓了一跳。

惊醒过来，眼前仆人正在打扫院子，两位友人在一旁洗脚，落日余晖还留在墙上，思及梦中之事恍如隔世。淳于棼把梦境告诉众人，大家感到十分惊奇，一齐寻到大槐树下，果然掘出一个很大的蚂蚁洞，旁有孔道通向南枝，另有小蚁穴一个。人们不禁叹道，梦中“南柯郡”“槐安国”，原来如此！

人生如梦，佛教认为万物都是无常，所以，佛经里句句皆说无我，如《心经》“照见五蕴皆空，度一切苦厄”，一般人以五蕴为我，五蕴都空，哪里有我呢？无我便无苦，有十分我便有十分苦，有一分我就有一分苦。如打碎茶杯，你有一分的执着便会难过，便有一分的苦；若有十分的执着，便如割肉一般。

莲池大师未出家时除夕打碎了祖传的白玉杯，十分难过，他的妻子安慰曰：“一切无常。”他才觉悟过来，于是出家。所以这个苦并非本来有的，而是万物本空，苦只因人的执念。可惜的是，很多人偏偏放不下这些对“物”的执着，于是生出种种烦恼。

《三国演义》中诸葛亮有一首诗：“大梦谁先觉，平生我自知。草堂春睡足，窗外日迟迟。”表现的就是道家的人生态度和思想境界。但不管人生是怎样的一个梦，有没有搞明白，每个人仍要在这个梦里走下去。

就像林语堂先生说的一样，这个世界上总会有一些事是我们无法明白，或者暂时感到困惑的。即使是这样，所有人都需要继续拼争，因为我们想活下去，至少想实现自己的理想，并从中获得快乐。我们之所以活在这个世界上，就是因为它蕴含着我们依赖和热爱的一切，这就是我们坚定地走下去的理由。

鱼得水游，而相忘乎水

——清心寡欲的智慧

做好自己的事，不为外界名利所惑

名根未拔者，纵轻千乘甘一瓢，总堕尘情；客气未融者，虽泽四海利万世，终为剩技。

意译

追逐名利的思想根基如果不从内心彻底除掉，即使表面上轻视世间的高官厚禄、荣华富贵，甘愿过着一瓢饮的清贫生活，最终也摆脱不掉世间名利的诱惑；外来的影响不能被自身的正气所化解的人，虽然他的恩惠能够泽及世上所有的人并有利于后代万世，最终也只是一种多余的伎俩。

清心智慧

争名夺利之累是众所周知的，但不得不说名利之诱惑也确实太大。一个人不消除错误的名利观念，不论他如何标榜清高声称退隐林泉，都不过是以退为进的托词。

在我国历史上，唐朝时期的退隐文化竟成了争名的另一种方式，即所谓“终南捷径”。许多人不如意时便高歌隐退，但一有时机，便又马上出仕。唐代的卢藏用本来功名心很强，可是他却善于造作而隐居京师附近的终南山，当他因清高之名而很快获得朝廷征用时，竟毫不隐讳地指着终南山说：“此中大有佳趣！”

从古至今，只有正气一身，道德纯真的人才可能淡泊名利。其实一个人隐世出世之举是次要的，关键是要看他的修养——是正气居多还是私心杂念满身，要看他的行为是不是利国利民。

上古三帝尧、舜、禹，就是这种哲学的实践者。

古书上说尧非常厉害：“其仁如天，共知(智)如神。就之如日，望之如云。富而不骄，贵而不舒。”虽然富贵但是不炫耀不骄傲。他即位之后，首先是任人唯贤，促使内部达成统一。他做起事情来也比较平和低调，他亲自考察百官的政绩，奖励高贤，惩罚贪佞，这种为万乘之尊却依然事必躬亲的作风，正是他务实的一面。他当帝王时，能够以天下为己任。他在位时世风淳朴，人们相处和睦，也是得益于他的高瞻远瞩。

第二个帝王舜则与尧不一样，他不像尧那么富有，而且母亲早逝，又遇到一个残酷的继母，最后被逼离家出走。尽管这样，他也不抱怨，对父母仍不失子道，出走后依然想办法照顾他的继母，以尽孝道，对他那个傲慢的同父异母的弟弟也给予了极大的宽容。甚至到后来，继母和兄弟霸占了他的财产，还要杀人灭口，他都原谅了他们。

他用宽容、朴实的行事作风感染了众人，人们从四面八方集中到他的周围，都想和他同甘共苦。好事传千里，当时的天子尧知道舜的德行后，就将自己的两个女儿许配给了舜。并将天子之位禅让于舜。舜行事朴实低调，又有雄才伟略，尧把天子之位传于这种人是明智之举。

大禹治水的故事千百年来脍炙人口。帝尧时，中原常常有洪水，百姓愁苦不堪。鲧治水患九年，未果。他的儿子禹继续治水。禹亲自视察河道，改进治水方法。他翻山越岭，淌河过川，规划水道，到了很多地方，根据地势高低设法引洪水入海。

大禹为了治水鞠躬尽瘁，“三过家门不入”的典故更是流传千古。后来禹经舜赏识得天子之位，成了真正的大人物。像尧、舜、禹这样的人其实都是心中有天地，但是却都很低调。他们不炫耀，只做好自己的事情，立足高远却从现实出发，时刻都坚守自己的信念，不为外部的名利所迷惑，一心只为他人。在现代也是一样，那些能够真正领会“拔除名根，消融客气”人生哲学的人往往都能成功。

儒家所讲的中庸境界，一直备受推崇。儒家经典《中庸》说道，“尊德性而道问学，致广大而尽精微，极高明而道中庸”，可谓大有深意。在平凡生活中境界高远，却立足于现实，不为名利等外物蛊惑，时刻保持中庸的态度，即凡事于高处立，于平处坐，于低处行，便可实现超越境界与现实态度的统一。

谈山者未必得山趣，假自在不如真悟道

原文

谈山林之乐者，未必真得山林之趣；厌名利之谈者，未必尽忘名利之情。

意译

好谈山居生活之乐的人，未必真的领悟了山林生活的乐趣；口头上说讨厌名利的人，未必真的将名利忘却。

清心智慧

实际上，经常畅谈山野林泉生活之乐的人，未必就能完全领悟山林的真正乐趣；成天高谈讨厌功名利禄的人，心中未必就能完全忘怀名利。

因此，《管子·法法》中说“钓名之人，无贤士焉”，《后汉书·逸民传序》也说：“彼虽硁硁有类沽名者。”所谓钓者，用饵引鱼上钩；沽者，买也。意思是说，某些人表面上是贤士，实际上是以贤士的身份为诱饵，来为自己谋取功名，这样的人徒有虚名罢了。后人将此合二为一得出“沽名钓誉”这个成语，并用来指示那些用种种手段骗取名誉的现象。

在我国古代，很多士大夫都通过放情山水来表达自己不慕名利的淡泊情怀，这里面有真贤士，也有假名士。

唐代有个叫司马承祯的人，在都城长安南边的终南山，住了几十年。他替自己起了个别号叫白云，表示自己要像白云一样高尚和纯洁。唐玄宗知道了，就请他出来做官，被他谢绝了。于是，唐玄宗替他盖了一座很讲究的房子，叫他住在里面抄写、校正《老子》这本书。他完成这项任务后，到长安会见唐玄宗，见过玄宗，正打算仍然回终南山去，偏巧碰见了也曾在终南山隐居，后来做了官的卢藏用。

司马承祯与卢藏用说了几句话，后者抬起手来指着南面的终南山，并开玩笑地对他说："这里面确实有无穷的乐趣呀！"原来卢藏用早年求官不成，便故意跑到终南山去隐居。终南山靠近国都长安，在那里隐居，容易让皇帝知道并请出来做官。不久，卢藏用果然达到目的。司马承祯想对他的这种行为讽刺一下，便应声说："不错，照我看来，那里确实是做官的'捷径'啊！"

卢藏用与司马承祯二者稍作比较，高下立见。由二人身上可以看出，大部分欲寻求"终南捷径"者多是沽名钓誉之人。《菜根谭》中道明的"谈山林之乐者，未必真得山林之趣；厌名利之谈者，未必尽忘名利之情"事实上指的就是像卢藏用这样的人。他们表面上畅谈山林的乐趣，对名利嗤之以鼻，实际上却在内心深处和自己唱着反调。

这些人有时确实能钓到"大鱼"，但最终却躲不过暴露和遭殃的结局。这个世界，虽然能容沽名钓誉者一时，却难以容他一世。

春秋时期有一个叫子西的人，做事总是以名誉为先，甚至常常用不正当的手段获得。孔子对弟子说：“谁能够去劝导一下子西，使他不再沽名钓誉？”弟子子贡说：“我能劝他。”于是，子贡就去劝说子西，子西却不以为然。

见状，孔子说：“不被功利所左右，才能胸怀宽广；保持本性而不动摇，才能保持住纯洁的品行。内心不正直，做事也就不能正直；内心正直，做事才能正直。子西恐怕还是难以避免灾祸。”

事实果如孔子所预料，不久之后，子西发动叛乱，结果被杀，落得个惨淡下场。俗话说“多行不义必自毙”，子西的虚伪无疑是搬起石头砸自己的脚。对于人们来说，无论是为官、为人、治学还是日常的人际交往，实际上都无“终南捷径”可图，而且那些跳过“诚”觅求的捷径，往往是死胡同。

人生如戏，戏如人生。现实生活中，很多人早已自觉或不自觉地将自己置于演员的角色之中，就像席慕蓉的《戏子》中所说：“在涂满油彩的面容之下，我有的是一颗戏子的心。”在迫不得已的情况下掩饰真实的自己，这本无可厚非，但时间长了，恐怕就再也回不去表里如一的样子了。

时间不光是在流逝，也在带走虚而不实的东西，若是沽名钓誉，仅以虚伪来蒙蔽世人的眼睛，终会被揭穿，落下骂名无可避免。所以，为免落得遭到万人唾骂的境地，做人还是心口如一比较好。与人交往多些诚心，少些虚伪；工作时多些踏实，少些圆滑；生活中，以真心待人待己。只有卸下面具，我们的人生才会在阳光下呼吸。

身居高位淡泊名利，隐居山林心怀天下

居轩冕之中，不可无山林的气味；处林泉之下，须要怀廊庙的经纶。

意译

身居要职享受高官厚禄的人，不能没有山林之中淡泊名利的思想；而隐居山林清泉的人，要胸怀治理国家的大志和才能。

清心智慧

中国古代知识分子受儒、道思想影响极大，表现在对待人生的问题上，一方面是积极入世，实现理想抱负；一方面是淡然出世，品味林泉真趣。其实，看似两种截然不同的思想可以统一成一个整体。这样，在权势正盛时可以保持几分山林雅趣，缓和过分热衷名利的紧张，即使远离庙堂也要心怀天下苍生。

一个人只要能有山林隐士的高风亮节，就能体会出孔子所说的“富贵于我如浮云”，就能领悟到生活在林泉之下的乐趣。

不过，不管是真退隐还是假出世，都要面对是否仍要关心国家大事这样的问题。尽管你可以过闲云野鹤般自由自在地生活，但不能完全忘记国家兴亡大事。

在现代社会，人们参政议政的意识愈加强烈，表现个人意愿的方式也更多，社会的透明度越来越高，“志在林泉，胸怀廊庙”的传统依然影响着人们。由此可见，社会的发展不容许人把自己屏蔽于社会之外，锁在个人的小天地里。

诸葛亮是人们熟知的三国名相。他在战乱流离中度过少年时代，兢兢业业才在成年时购置襄阳城西隆中的一片田产，自此过着“躬耕垄亩”的生活。但是他内心的抱负、才华的光芒却无法掩盖，虽隐居躬耕，却名扬在外，所以人称“卧龙先生”。

诸葛亮虽然身居隆中，却胸怀天下；虽然身在垄亩，却有壮志雄心。刘备兵败新野时，徐庶向他推荐诸葛亮，说：“诸葛孔明是人中之龙，如果有他为您出谋划策，大计定成。但是要劝得此人出仕，一定要主公亲自屈驾迎请才可以。”刘备求贤若渴，当即答应下来。

于是历史上便有了刘备三顾茅庐的佳话。刘备与诸葛亮相见后就在诸葛亮的茅屋中请教起天下大计。刘备说：“汉室倾危，佞臣当道，我自不量力，欲申大义于天下，却因智术短浅，无所成就，但是我并不因此失志。冒昧请问先生天下可有使我完成宿愿的大计？”

诸葛亮被刘备的真诚所感动，不仅对天下的形势进行了细致的分析，还为刘备指出了成就大业的长远大计。思路之清晰，建议之中肯，刘备三兄弟佩服得五体投地。

后来，刘备对关羽、张飞说：“我之得孔明，犹鱼得水。”诸葛亮也凭借刘备的赏识和重用，施展了自己的抱负，成就了千古名相的传奇。

在对待人生的问题上，孔明一方面恬淡出世，品味林泉真趣；另一方面又抓住机会积极入世，实现理想抱负。可以说，他的一生是出世和入世的完美融合。而当一个人已经身在世中，却急功近利、不择手段，那么他的人生就会像荡秋千一样，无论荡多高终会静止于原点。

出世可以作为一种处世心态，可以等同于理智、淡泊、镇定等美好品质，当一个人以这样的心态去工作时，就不会因为急功近利而迷失前进的方向，即使施展抱负、追逐梦想的过程很漫长，也能持之以恒。与此相对，入世也可以作为一种处世方式，既然确立了自己的理想，选择了某份工作，就会不遗余力地把它做到最好，并始终保持积极上进的心，冷静地处理过程中遇到的问题，而不是轻言放弃。

总而言之，《菜根谭》中简单的一句话，在今天这个时代给予我们的哲学启示可以归结为三点：淡泊、积极和抱负。淡泊让我们从容淡定，积极让我们矢志不渝，而抱负让我们赢在起跑线上。要想铸就不一样的人生，三者缺一不可。

不为自私自利自毁前程

原文

胜私制欲之功，有曰识不早力不易者，有曰识得破忍不过者。盖识是一颗照魔的明珠，力是一把斩魔的慧剑，两不可少也。

意译

在战胜私情克制物欲方面，有人说由于没及时发现私情的害处才没有坚定的意志去控制，有的人虽然能看清物欲的害处，却又忍受不了物欲的引诱。所以一个人的智慧是认识魔鬼的法宝，而坚定的意志是一把消灭魔鬼的利剑，二者都是不可缺少的。

清心智慧

每个人都知道自私自利是一种不好的行为，可又很难做到控制私心私欲，做不到也就罢了，甚至还有人拿一句“人不为己，天诛地灭”的俗语为自私自利的行为辩解。

客观来看，人们之所以难以控制私心杂念，除意志、理性等方面的原因外，还与所受教育、社会环境等因素有关。在私欲问题上东西方文化有本质的差异，东方文化比较强调集体主义，是要求克制私欲的，过于自私的人会受到社会的谴责。西方社会对私欲问题则相对宽容，鼓励追求自我。

然而，无论身处什么样的社会，在人与人的交往中，只有你献出一份爱去关心别人，别人同样来关心你，社会才会和谐，才有温暖。一个太自私或物欲太强的人，多半都会遭受别人的排斥。一个想在事业上有所成就的人战胜不了自己的私欲，也就团结不了人，何谈事业的成功？所以自私会成为人们事业发展的一大障碍，而自私自利自毁前程的例子更是屡见不鲜。

唐朝天宝年间，有个书生行至宋州，与家境贫苦的少年李勉恰好同住一店。没过多久，那位书生突然身染重病，最后因医治无效而死亡。

书生临终时对李勉说："我家住洪州，本打算到北方去谋求官职，想不到却要死在这里。"然后，拿出身边的百两黄金送给李勉，并告诉他说："我有位仆人，不要让他知道我拥有黄金这件事。我死后，请你用这笔钱为我办丧事，剩下的钱就都赠送给你吧！"李勉答应了书生的临终遗言，丧事办完之后，家境贫困的李勉并没有把剩余的钱据为己有，而是放入棺中一起埋葬。

几年后，李勉到开封做官。这时，那位死去书生的兄弟拿着洪州官府的公文，沿着其兄当年的行踪找到宋州，听说李勉曾为其兄主持丧事，就来到开封，找到李勉，顺便询问了金子的下落。李勉便将自己当初把金子埋在墓中之事告诉了他，并随他来到其兄的墓地，打开坟墓挖出黄金还给了他。

这件事情传出去后，李勉得到了大家的尊敬。李勉也因为官清正，两袖清风，唐德宗时，官至宰相，被封为国公。李勉在诱惑面前保持了清醒的头脑，不为钱财所动，不丧失自我，从而体现了高尚的人格。正是由于李勉淡看私利，又有坚强的意志摒除贪欲的干扰，识力并重，终于修得大智慧。

保持自己的理性，放下世间的一切假象，不为功名利禄所诱惑，一个人才能体会到自己的真正本性，看清本来的自己。否则我们只能使自己的心灵处在一种烦恼不安的状态之中。这好比种植葡萄的人目的在种而不在收，如果还要希望自己的葡萄比别人大、比别人多，那他产生的这种欲望将会使自己失去心灵上的自由。

人无欲则刚，无欲则明。要想做到“无欲”，首先要有一颗静如止水的心。不受外界名利干扰，不因个人得失而耿耿于怀，好好地坚持走正确的道路，正确地思考和行动，不为“欲”所牵连、不为“欲”所迷惑，在欲望充斥的浊世之中保持心中的一方净土。

从冷视热，从旁观者的视角看世界

从冷视热，然后知热处之奔驰无益；从冗入闲，然后觉闲中之滋味最长。

从热闹的名利声中退出后再来看名利场，才知道热衷

于争名夺利最没有意思；从忙碌的生活转到安闲的生活，才知道安闲的人生趣味最能长久。

清心智慧

当一个人从名利场中退出来以后，再“冷眼”旁观那些热衷于名利的人，会发现奔波劳碌的生活竟是多么毫无意义；当一个人从忙碌不堪的工作环境中抽身回到闲适的生活环境中，才会发现安逸悠闲生活中的滋味最悠长。

在清朝，有一个著名的艺人在京城里的一个戏班里唱戏。他本来是满族的世家子弟，起初在戏班不过是客串演唱，后来因为唱戏技艺越来越精湛，大家就都劝班主把他吸纳进戏班，于是他就成了戏班里正式的艺人。

他加入戏班不久，有了承袭家里世爵的机会，但如果他仍然是艺人身份，便不能承袭爵位，所以就有人劝他不要再唱戏了，想法谋求别的差事，争取世袭的爵位。然而，他一点儿也不为所动，不愿意放弃演戏来谋求爵位。

有人劝说他：“唱戏职业的地位是低贱的，而爵位的名声是荣耀的。放弃低贱来换取荣耀，本来就是人之常情。”

他却说：“我却为自己是唱戏艺人的身份感到自豪和骄傲，并不觉得卑污下贱。在戏剧里，我既可以扮作帝王，也可以扮演将军大臣，掀帘出场则引得众人喝彩，在社会上的荣耀应该算是最高的了，还有什么可追求的呢？”

那人说：“可是这一切都是虚假的，是扮演出来的，不真实。”

他笑着说：“你以为得到爵位就是真的荣耀了吗？或许我还没有来得及享用，第二天又失去这个爵位了。”

故事中的艺人之所以冷淡看官场，拒绝晋爵，得而不喜、失而不忧，主要原因是他已经深深了解官场的风险和危机。以冷眼观世事热闹，以淡漠看人间繁华，才知道繁华热闹处的功名利禄只是虚幻泡影；从忙碌的生活归于悠闲的生活，才能体味到安闲乃是生活中的真正乐趣。

事实上，安贫乐道是一种智慧，淡泊名利是一种境界，它们能让迷失于欲望之中的人们，回头是岸，于烦琐的事务中求得片刻安闲，于浮躁的环境中求得些许宁静。不仅涉足权力需要冷静、自制，人们对待财富也应如此。但是现实中往往有很多人身陷囹圄，没有站在局外人的立场上来观察眼前的名利和富贵，最终被眼前的诱惑所迷惑，误入歧途。

古时有一个齐国人很贪财，天天想得到黄金。他听到有人家藏万两黄金，羡慕不已。他绞尽脑汁，昼思夜想，寝食难安，但是也没想到办法得到黄金。

有一天清早，他早早起来，穿戴整整齐齐，要到市场上去碰碰运气。市场上人来人往，十分热闹。道路两旁店铺林立，货物琳琅满目。这个齐国人无心观看，因为他一心只想着如何得到黄金。走着走着，忽然眼睛一亮，他看到玉器铺旁边有一家金店。

只见柜台上摆着大块小块的黄金，还有各式各样的金器、金饰，闪闪发光，黄澄澄一片。他走上前去，抓起一把黄金，撒腿就跑。金店的伙计追了上来，高喊："快抓住抢劫黄金的强盗！"

一个官吏闻声赶到，把这个齐国人当场抓住，官吏审问他说："这么多人都在这里，你抢走人家的黄金，这是为什么？"

他回答说："我在抓黄金的时候，没有看见人，只看见了黄金啊！”

这个齐国人就是属于头脑眼光太热，如果能冷静下来思考，发现自己行为的不当，及时调整自己的心态，自然不会锒铛入狱。

所以，我们一定要学会冷静，看到他人飞黄腾达也不要迷失自我，因为私心与贪欲常常使他们重重地跌倒在“欲望”的旋涡里。事实上，人们并不是拥有的太少，而是欲望太多，名利之心太重。将自己看作名利之外的旁观者，安贫乐道，不为名利所扰方是为人处世的智慧之道。

超物累，才能享受天趣

原文

鱼得水游，而相忘乎水；鸟乘风飞，而不知有风。识此可以超物累，可以乐天机。

意译

鱼在水中才能自由游动，却忘记自己置身于水；鸟儿乘风飞翔，却不知道自己借助了风的力量。认识了这个道理就可以超脱外物的束缚，可以享受到快乐的天趣。

清心智慧

人之所以为万物之长，就在于人能用物而不为物所用，更不为物所累。就像鱼在水中游，鸟乘风而飞一样，正因为物我两化，才不应被物欲所制约，心性自由了，乐也自然而然地出现了。

但是，却有很多人没有参悟这一点。有人存在于生活中，却时刻谨记我正在“生存”，过于在意和重视自己的“存在”——我是否应该这样做才能更健康？我是否需要多添置一些家用，才能备不时之需？我和某人说话时是否需要警醒一些？

其实，哪里需要这些复杂的思考呢？用佛家的话来说，这些都是“杂念”和“执念”。饮食行为顺应天时自然，身体当然不会有大碍；家用等到真正需要之时再去准备，也不会影响生活；说话做事但求诚信无伤于人，自然会拥有很多朋友。这些事情又哪里需要刻意当作问题来让自己烦恼呢？

我们要学会感受和享受生活本身，而不是仅仅去感知生活中的问题。所以，活得“超脱”一些，并不是真的放弃生活中的所有，而是站在一个超然于烦恼和物欲的角度来思考人生。

人如果忘却物欲上的不满，放弃贪得无厌的追逐，而寻求精神自修之道，达到心理上的平衡与安然，就可以超然于物欲之外，减少许多危险而增添一些开心的东西。人的生活只有超脱些，才不致被物欲淹没。

一个人在他 20 多岁时因被人陷害，在牢房里待了 10 年。后来冤案告破，他终于走出了监狱。出狱后，他开始了几年如一日的反复控诉、咒骂：“我真不幸，在最年轻有为的时候竟遭受冤屈，在监狱度过本应最美好的一段时光。监狱简直不是人待的地方，狭窄得连转身都困难。唯一的小窗口里几乎看不到阳光，冬天寒冷难忍；夏天蚊虫叮咬……真不明白，上天为什么不惩罚那个陷害我的家伙，即使将他千刀万剐，也难解我心头之恨啊！”

75岁那年，在贫病交加中，他终于卧床不起。弥留之际，一位德高望重的老人来到他的床边：“已经过去那么多年了，为何还如此耿耿于怀呢？”

老人的话音刚落，病床上的他声嘶力竭地叫喊起来：“我怎么能释怀，那些将我陷于不幸的人现在还活着，我需要的是诅咒，诅咒那些使我遭受不幸的人……”

老人问：“你因受冤屈在监狱待了多少年？离开监狱后又生活了多少年？”他恶狠狠地将数字告诉了老人。老人长叹了一声：“你真是世上最不幸的人，他人囚禁了你区区10年，而当你走出监牢本应获取永久自由的时候，你却用心底里的仇恨、抱怨、诅咒囚禁了自己整整40年！”

10年的时间纵是漫长，可是相比40年，又算得了什么！世上最不幸的人就是囚禁自己的心灵，被外物所累的人。有一位先哲说过：“世界上没有跨越不了的事，只有无法逾越的心。”

我们之所以始终难以做到淡定，就是因为我们的心灵总是为外物所缠绕，生活中很多事情都能够撼动我们的内心，内心的不宁静又使得我们外在的行为也不安定，而外在行为的不安定又再一次造成内心的波动。不甘心、嫉妒、愤怒、爱恨等情绪的出现就是因为被现实中种种事物所困。

如此往复循环下去，我们将会遗失生活中最美好的事物，使自己一生难以超脱，在外物的压力下筋疲力尽。不以物喜，不以己悲——不为外物所累才能洒脱地生活，为生活描绘出完美的色彩。

念头昏散处，要知提醒

——静心达生的智慧

兴亡强弱皆不会长久，莫要强求

原文

狐眠败砌，兔走荒台，尽是当年歌舞之地；露冷黄花，烟迷衰草，悉属旧时争战之场。盛衰何常？强弱安在？念此令人心灰！

意译

狐狸做窝的残垣断壁，野兔出没的荒废楼台，这些都是当年歌舞升平的地方；清冷露珠洒满野外，烟笼雾绕枯草丛丛，这里曾是古代逐鹿争斗的场所。兴盛和衰败哪里会长久不变？强弱胜负又哪里会长久呢？想到这些不禁令人心灰意冷！

清心智慧

人的一生就如潮涨潮落般起伏不定，其中有美好的青春年华，也会有日落西山的迟暮；会有如日中天的强者事业，也会有深感无力的疲惫感。这就好像一棵柔弱的小苗会长成参天大树，但是它也会有老死成枯木的一天。所以，心境平和，不是让我们什么都不在意，什么都不关心，而是让我们学会坦然地面对生命中的一切强盛和弱势、兴旺和衰败。尽力做好自己该做的事情，只要不抱憾终生就可以了。毕竟，事物兴亡发展自有规律，人们难以改变，顺应天意，不强求，这不仅是良好心态，更是对人生和宇宙万物认知的智慧。

生活中，失败是在所难免的，一个人如果不能坦然面对生活中的不如意，就会很容易被困难击倒；反之一个能够坦然面对困难的人，能够放下心中的负担，反倒可以无往不胜，无坚不摧。其实，沮丧的面容、苦闷的表情、恐惧的思想和焦虑的态度，是缺乏自制力的表现，是不能顺应事态发展的表现。人生本来就不可能事事如意，一帆风顺，面对得意和失意，我们都要坦然面对；对于做不到的事情也不要过于强求，只有这样才算达到了一种较高境界。

一个多年不修的禅院里，草地一片枯黄，小和尚看在眼里，觉得有些绿色的植物会更好看，就对师父说："师父，快撒点草子吧！这草地太难看了。"

师父说："不着急，什么时候有空了，我去买一些草子。什么时候都能撒，急什么呢？随时！"

中秋的时候，师父把草子买回来，交给小和尚，对他说："去吧，把草子撒在地上。"起风了，小和尚一边撒，草子一边飘。小和尚试图把草子抓住，可是一次次都失败了。

"不好，许多草子都被吹走了！"

师父说："没关系，吹走的多半是空的，撒下去也发不了芽。担什么心呢？随性！"

草子撒上了，许多麻雀飞来，在地上专挑饱满的草子吃。小和尚看见了，惊慌地说："不好，草子都被小鸟吃了！这下完了，明年这片地就没有小草了。”

师父说：“没关系，草子多，小鸟是吃不完的，你就放心吧，明年这里一定会有小草的！”

夜里下起了大雨，小和尚一直不能入睡，他心里暗暗担心草子会被冲走。第二天早上，他早早跑出了禅房，地上的草子果然都不见了。急得他团团转，于是他马上跑进师父的禅房说：“师父，昨晚一场大雨把地上的草子都冲走了，怎么办呀？”

师父不慌不忙地说：“不用着急，草子被冲到哪里就在哪里发芽。随缘！”

不久，许多青翠的草苗果然破土而出，而且原来没有撒到的一些角落里居然也长出了许多青翠的小草。

小和尚高兴地对师父说：“师父，太好了，我种的草长出来了！”

师父点点头说：“随喜！”

由此可见，事物有它发展的规律，许多事情都是可遇不可求的，那些刻意强求的东西或许我们一辈子都得不到，而不曾被期待的东西往往会在我们的淡泊从容中不期而至，因为人生是偶然和必然的机缘，也是内心自由的体现。

历史总是用很冷静的方法讲述人世间的变迁，曾经沧海，今日桑田。曾经的王侯将相、闻名天下者、武艺超群者、金戈铁马者……现在都成了历史尘埃中的墓冢。这不正像我们的人生变化吗？曾经强大的，如今渐渐老去；曾经弱小的，之后会慢慢长成。天下万物，都有各自的生命规律和时空来去，有得意必有失意，有失败也必有成功。

内心要自然流露，生命要豁达开放，首先就要拥有一颗纯净飘逸的心，如白云般随风飘动，安闲自在，任意舒卷，随时随地，随心而安。随不是跟随，而是顺其自然，不怨怒，不躁进，不过度，不强求，不悲观，不刻板，不慌乱，不忘形。如此才能发现自己的本性，从而随性平和。

得意不忘形，失意更不忘形

原文

宠辱不惊，闲看庭前花开花落；去留无意，漫随天外云卷云舒。

意译

无论是光荣或者屈辱都不会在意，只是悠闲地欣赏庭院中花草的盛开和衰落；无论是晋升还是贬职，都不在意，只是随意观看天上浮云自如地舒卷。

清心智慧

中国人积累了几千年的人生经验，就像一本厚厚的书。开卷便觉触目惊心，名利场宦海浮沉，潮起潮落；富贵乡人为财死，鸟为食亡。所以人们雄心万丈地在仕途进取的同时，也应很有情趣地做出世准备，免得从金字塔尖一落千丈时遭受万劫不复的痛苦。其实，官场少有常青树，财富总有用尽时，若练得宠辱不惊、去留无意的功夫，又怎会有凄凉与悲哀的心境出现呢？

一个人发了财，有了地位，或者有了学问，自然气势就很高，容易得意忘形；也有许多人在富贵的时候，修养蛮好，一旦落魄的时候，就都变了，自卑之情油然而生，失意忘形。

世间很多事情都是难以预料的，当你正春风得意的时候会突然发生一些让你痛不欲生的事情；当你正想着要好好努力挣钱的时候，突然之间意外之财从天而降，让你不知所措。人往往很难做到从容地面对意外，或者大悲，或者大喜，各种烦恼也就接踵而至。

这一切追根究底都是因为心有所住。有所住，就是被一个东西困住了。只有在面对一切事情，物来则应，过去不留的时候，才算真正修养到家，才能做到得意不忘形，失意更不忘形。

有一只木车轮因为被砍下了一角而伤心郁闷，它下决心要寻找一块合适的木片重新使自己完整起来，于是离开家开始了长途跋涉。

因为不完整，木车轮走得很慢，一路上阳光柔和，它认识了各种美丽的花朵，并与草叶间的小虫攀谈；眼前幸福的一切让它忘记了缺失的痛苦，反而很是享受如此美好的生活。

木车轮也在坚持寻找适合自己的小木块，它看到了许许多多的木片，但都不太合适。终于有一天，车轮发现了一块大小形状都非常合适的木片，于是马上将自己修补得完好如初。

可是欣喜若狂的轮子忽然发现，眼前的世界变了，因为变得完整无缺，自己开始跑得很快，根本看不清花儿美丽的笑脸，也听不到小虫善意的鸣叫。重获完整的幸福感并没有出现，相反让它失去了以往的自在美好。

因为不忘本心，车轮停下来想了想，又把木片留在路边，自个儿慢慢地走了。

失去了一角，却能饱览世间的美景，得到想要的圆满；步履匆匆，却错失了怡然的心境，所以，有时候失也是得，得即是失。也许当生活有所缺陷时，我们才会更加深刻地感悟到生活的真实，这时失落反而成全了完整。所以，与其把生命置于贪婪的悬崖峭壁边，不如随性一些，洒脱一些，不患得患失。保持一份难得的理智，做到宠辱不惊，失去的时候不忘记寻找美好生活的信念，得到的时候也要谨守纯真的自我。

尽善尽美未必是幸福生活的终点站，有时反而会成为快乐的终结者。荣辱之差别，得失之界限，又如何准确地划定呢？当我们因为有所缺失而执着地追求完美时，也许会适得其反，在强烈得失心的笼罩下失去头上那一片晴朗的天空。坦然地面对所有，享受人生的一切，得到未必幸福，失去也不一定痛苦。得到时要淡定，要克制；失去时要坚强，要理智。兜兜转转，寻寻觅觅，浮浮沉沉，似梦似真，一路行走一路歌唱。

庭前花开花落，天外云卷云舒，都是自然的起落与循环。不以物喜，不以己悲，宠辱不惊，去留无意，临危不惧，泰然处之，在平淡中给自己一个动力；在昂扬中留给自己一份淡泊；在匆忙中适时地给心灵一次释放；在喧闹中为自己找一份宁静。于是人生真境随时显现，可以久久探寻。

悬崖撒手，就是要拿得起放得下

原文

笙歌正浓处，便自拂衣长往，羡达人撒手悬崖；更漏已残时，犹然夜行不休，笑俗士沉身苦海。

意译

歌舞娱乐兴味正浓的时候，便毫不留恋地拂衣离去，真羡慕这些心胸豁达的人能够临悬崖而放手；在夜深漏残时，还有人在不停地奔走忙碌，这些凡俗的人在苦海中挣扎真是可笑。

清心智慧

做事勿待兴尽，用力勿至极限，适可而止、恰到好处最为理想。生活上也该如此。“花要半开，酒要半醉”，才能享受到其中的真正乐趣。反之，假如酒喝到烂醉如泥，不但不是享乐反而是受罪。生活中不可整天肉山酒海，整天忙于交际应酬使自己陷于庸俗，而要学会及时放手，控制自己的欲望以免乐极生悲。悬崖深谷得重生看似一种悖论，实际上却蕴含着深刻的道理。“悬崖撒手”是一种姿态，美丽而轻盈。

佛教认为，人最大的修为就是可以做到放下。痛苦源自执着心，人生唯有少执着，多放下才能有超俗的境界。对名利不执着，对权位不执着，对人我是非能放下，对情爱欲念能放下。放手之后，心灵将获得一片自由飞翔的广袤天空，在瞬间释放与舒展，才能享受随缘随喜的解脱生活。由此可见，想要达到身轻心安的境界，并不困难。只是不要过于执着，不要让自己过得那么辛苦，能够从容放下，那么自由畅快就在眼前。

从前，有一位凡事放得下的豁达老人，一心只想施舍、尽力为人付出。他认为，自己若能做到与人无争、与世无争，就能过上逍遥又自在的生活。

曾经有一位波斯国王出城巡游。国王乘坐在高大的白象上，有一群随从围绕在身旁。途中，波斯国王从远处看到一位白发苍苍的老人走了过来。他生怕这位年迈的长者受到惊吓，即吩咐身边的随从：“先停下来！停下来！”他想让老人能慢慢地安全地走过来。

这位年迈的长者远远看到国王时，自己也稍微停了下。他望见随从的队伍也停下时，才放心地继续向前走。当长者慢慢地走到这群人的面前时，国王对着他轻声说：“老人家！看您白发苍苍，您今年高寿？”

老人仰头看着满脸慈祥的国王，露出真诚的笑容，缓慢地伸出四个手指头对国王说：“我今年才4岁。”

国王听后很怀疑地说：“您4岁？”

老人看着国王的眼睛坚定地说：“对！我才4岁。因为，我在4年前所过的生活，是很糊涂、懵懂的人生，对于我来说那并不是真正的人生。后来我很幸运地得闻佛法，从此开悟，因为我受佛陀的教育才 4 年，现在也就是 4 岁！”

老人看着国王惊讶的表情继续说：“如今，我凡事都放得下，不再像以前一样盲目坚持，现在的我一心只想要施舍，在我有生之年尽力去付出。在这个过程中，我体会到付出后让人快乐对于我自己来说是多么一件值得欢喜的事情，不与人计较是如此的自在！由此，我总结了一下这几年的心得，那就是心无烦恼，才能身轻心安！”

“这四年来，我过得很逍遥自在，才明白这才是我想要的人生。所以，我真正会做人的年龄才 4 岁。”

国王听了老人的话后若有所思，然后突然有所悟并欢喜地说：“老人家！您说得很对！人生确实要放得下、舍得付出，与人无争、与世无争，这才是最逍遥的人生。我真的很羡慕您！虽然您听闻佛法才 4 年，但这 4 年已经让您的人生变得很有价值了。”

通过这个故事我们可以体会到，何时学会放手，能做到放手并不重要，关键是要有这样的心态和实践，即便是临终前最后一刻明白这个道理，虽有些许惋惜，但总比执着而终要好得多。

甚至，所谓的惋惜也是需要放下的部分，因为没有过分看重事物的过程就无法从世俗中抽身而出的洒脱。可以说，以往经历的种种艰难险阻只不过是帮助人们顿悟的“教材”罢了，如果可以看懂这本无字天书，懂得放手，把心烦意乱的事情放下，不过分执着，以一颗淡定从容、自由轻松之心对待自己和生活，一定会有焕然一新的人生。

减除物累，便超圣境

原文

做人无甚高远事业，摆脱得俗情，便入名流；为学无甚增益功夫，减除得物累，便超圣境。

意译

做人并不一定需要成就什么了不起的事业，能够摆脱世俗的功名利禄，就可跻身于名流；做学问没有什么特别的好办法，能够去掉外物的累赘，便能进入圣贤的境界。

清心智慧

为人须摆脱世俗物欲的困扰，追求心理的自我平衡，实现随意自由的状态。自由需要轻盈，这种轻盈最终不是关乎身体而是来自内心，是清除各种心中负担和杂物之后出现的清澈状态。

人们总是站在十字路口迷茫思考，不知道自己追求的内容到底是什么，或者是在无底的欲望黑洞中无法抽身，身体受累之余，还让自己的灵魂变得沉重肮脏。然而，却有许多人愚蠢地仍然在自愿承担着这种重量，当各式各样的诱惑接踵而至，欲望的雪球越滚越大，最终这无法承受之重把每个人压垮，使整个人生陷入混乱，难以解脱。

长期下去，失去的不只是身体、家庭、朋友，很可能迷失我们自己的内心，是非不分、野蛮横行就变成丧失理智状态下的“恶魔”，如此危害世间的人还如何进入圣境，为生活描绘出完美的色彩？

阮籍是三国魏时著名诗人，在魏晋禅代之际，他不满昏庸无道的曹魏集团，又不愿攀附晋司马氏，遂闭门不出、不问世事，显示出颇多狂逸行迹的风骨。

阮母去世，中书令裴楷前去吊唁，见阮籍饮酒至大醉，衣冠不整，伸开两腿坐在床上，毫无哭泣之意。裴楷便痛哭了一阵，不告而别。

后来有人问裴楷：“大凡吊唁，主人哭后，客人才行礼，这是人所共知的礼俗。阮籍既然不哭，您为何要痛哭流涕呢？”裴楷说：“阮籍超脱世俗，可以不尊崇礼制。而我们这种世俗中人，必须遵守礼制。”

为母亲服丧时，阮籍在晋文王司马昭席上仍然饮酒吃肉。同在酒宴上的司隶校尉何曾就对司马昭说：“您正要以孝道治理天下，阮籍服丧却公然在您的宴席上喝酒吃肉，应该把他流放到荒漠之地。”

文王说：“我们除了担忧嗣宗如此哀伤劳累，还能说什么呢？再说有苦痛而饮酒食肉，本来就不违丧礼。”此时，阮籍仍然吃喝不停，神色自若。

阮籍邻家有一个美丽少妇，平日在酒垆旁卖酒。阮籍和王戎常在她家饮酒，有时醉了，就睡在少妇身旁。少妇的丈夫产生了疑心，就暗中观察，发现阮籍并没有别的意图。

阮籍虽狂放不羁，但处事非常谨慎，他常以奥晦深远的言辞与别人交谈，也从不对他人妄加评判，阮籍的“贤”不止于满腹经纶，还在于他能摆脱俗尘所累，卓尔不群。因为不计较世俗得失，他获得了极大的心灵自由；因为不受教条规矩的桎梏，他活出了魏晋的潇洒风骨。正因为这样，他才能守住心灵虚静之地，在纷扰世事中自得其乐。

其实，世间万事万物都归于一个“淡”字，清淡明志，雅淡抒节，把荣誉、身世、财权、生死看得淡些轻些，我们就不会被外物束缚，从而达到精神超脱的境界。生活中，做人做事并不一定都要谋个成就、地位或者名利，对它们过于牵挂，反而会成为我们生活的累赘。所以，工作也好、学习也好，先把自己投身到享受它们带来的充实中，然后再想回报或者酬劳，即使忙碌也会淡定从容。

胸中无物欲，眼前有空明

胸中即无半点物欲，已如雪消炉焰冰消日；眼前自有一段空明，时见月在青天影在波。

意译

心中没有半点对物质的欲望，已经像炉火将雪消融，像太阳将冰融化一样；自己的心目中有一片空旷开朗的景象，就仿佛皓月当空水中映出其倒影一样。

清心智慧

古语云："一个人，贵在自知，贵在知足，贵在量力而行，贵在适可而止。"在这个物欲旺盛的社会，人们却不懂得停止，总是希望得到更多，让尽可能多的东西为自己所拥有。俗话说："人心不足蛇吞象。"人有了贪欲，就永远不会满足，不满足，就会感到欠缺，高兴不起来，所以，你的欲望把幸福给吞噬了，幸福的生活就会离你越来越远。

但是，只要停下脚步想一想，就会发现幸福就在我们身边。只有我们懂得知足，才能保持一种平和心态，以豁达的态度来看待人生，我们的生活就会更加快乐，更加幸福。

从前,有一个村庄里住着一个独眼的人,人们都称他"瞎爷"。

瞎爷的左眼是他 9 岁那年因为一场高烧失明的。当时，他突然对他的父母说："我的左眼看不见东西了！"两位老人一惊，急忙用手在他左眼前晃，眼珠果然像坏了的钟摆一样一动不动。

他的父母顿时泪流满面，儿子瞎了一只眼睛今后该怎么办。

就在父母哭得伤心的时候，他却缓缓地说："你们没必要哭，应该笑才对！这场病不是只弄坏了我一只眼吗？左眼瞎了，右眼还能看得见啊！总比两只眼都坏了要好啊！你们想一想，我比起世界上那些双目失明的人，不是强多了吗？"

父母听了儿子的一番话，也觉得很有道理，孩子比想象的要坚强，于是就不再伤心了。

瞎爷的家境不好，非常贫困。他的父母无力供他读书，只好让他去私塾里旁听，因此觉得十分内疚。

瞎爷却劝道："我如今也已识了些字，虽然不多，但总比那些一天书没念，一个字不识的孩子强多了吧！"父母一听，便安然了许多。

后来，瞎爷娶了个嘴巴很大的媳妇。父母又觉得对不住儿子，瞎爷劝他们说："能娶到这样的一个媳妇已经很不错了，和世界上的许多光棍比起来，简直可以说是好到天上去了！"

但是后来，媳妇因为脾气不好，常常把婆婆气得心口疼。瞎爷劝他母亲说："虽然这个儿媳妇是有些不大称您的心，可是您想想，天底下比她差得多的还有不少。您的儿媳妇脾气虽然暴躁了些，不过还是很勤快的，又不骂人。"父母一听，还真有些道理，于是就不生气了。

可是，瞎爷家确实很贫寒，妻子实在熬不下去了，便不断抱怨。瞎爷说："你只跟那些住进深宅大院、家有万贯资财、顿顿吃肉喝酒的人家相比，越比越觉得咱这日子是没法过了。但是你只要瞧瞧那些拖儿带女四处讨饭的人，白天饱一顿饿一顿，晚上睡在别人家的屋檐下，弄不好还会被狗咬一口，就会觉得咱家这日子还真是不错。"

瞎爷老了，想在合眼前把棺材做好，然后安安心心地走。可做的棺材属于非常寒酸的那一种，妻子愧疚不已，瞎爷劝说："这棺材比起富豪们的上等棺木是差远了，可是比起那些穷得连棺材都买不起，用草席卷尸的人，不是强多了吗？"

瞎爷死的时候，面孔安详，脸上还留有笑容。

和瞎爷的心态作比较，不难发现，现实生活中有很多人因为无法达到最满意状态便开始抱怨，充满负面情绪，继而影响到本来还算幸福的步调。

可见，知足的人总是会微笑着面对生活。在他们的世界里，没有解决不了的问题，没有过不去的河。知足者会为自己寻找合适的台阶，绝不会庸人自扰。在他们的眼里，一切纷争和索取都是多余的，在他们的天平上，没有比知足更容易求得心理的平衡了。所以用一种知足的心态看待，你会发现自己得到的其实已经很多。

无名无位乐最真

人知名位为乐，不知无名无位之乐为最真；人知饥寒为忧，不知不饥不寒之忧为更甚。

意译

人们只知道有了名声地位是一种快乐，殊不知那种没有名声地位牵累的快乐才是真正的快乐；人们只知道吃不饱穿不暖令人忧愁，殊不知那些没有饥寒之苦的人精神上的忧愁更为痛苦。

按心理学的说法，人的需求是有层次的，当生活温饱解决之后，在精神上就产生了不同层次的需求。消极等待自然是不对的，因为人们追求财富显贵，想使生活过得更好些的愿望是很现实的，也是无可厚非的，只是不能因此而忘却自身的修养。所以说，安贫是种态度，乐道是种修养。我们真的应该有点“安贫乐道”的精神，安于清贫，心如规矩，正直如绳，也未尝不是一件好事。

《红楼梦》的作者曹雪芹恐怕比任何人都要了解世态炎凉带来的切肤之痛。

曹家本和皇室有着密切的联系，康熙皇帝南下的时候也曾经住在他的家中。因为这样的荣宠无量，不知道有多少人对曹家巴结奉承，曹雪芹自然见过很多这样的嘴脸。

不过因为身份显赫，年幼的曹雪芹依然在“秦淮风月”之地的“繁华”中过着众星捧月的生活。但是“天有不测风云，人有旦夕祸福”。雍正年间，曹雪芹一家受政治斗争的牵连，被查抄家产，曹雪芹从贵公子一下子沦为了贫民。

这个时候，那些曾经想要依附曹家的人全都作鸟兽散，曹雪芹也不再是别人眼中的贵公子，而是一个落魄之人，昔日那些人也没有一个愿意再与他来往。一贫如洗的曹雪芹在这个时候终于感受到了真正的世态炎凉。

曹雪芹并没有因此对生活失去信心，虽然伤痛但他的生活很快就恢复了正常。因为安贫乐道，日子虽然过得清苦，即使衣食无着，他也毫不在意。就是在这样的生活状态下，曹雪芹开始了文学创作，将自己丰富且曲折的人生经历和辛酸情感全都倾注其中，最终写出了旷世奇作《红楼梦》。

从寻求内心平衡和道德完善的角度来讲，生活清贫而不受精神之苦，行为相对自由洒脱而不受倾轧逢迎之累是可羡慕的，安贫乐道未尝不好。倘若曹雪芹没有遭遇家变，就很难形成安贫乐道的修养，可能也激发不出其内心对社会的深刻反省，更难以造就旷世奇作了。

其实，有这样经历的不只曹雪芹，庄子也同样如此。

有一天，庄子在濮水边垂钓，楚王派遣两位大臣先行前往致意。这两位大臣来到水边对着庄子的背影说：“楚王愿将国内政事委托给你而劳累你了。”言下之意就是楚王想要请你去做楚国国相。

庄子手把钓竿头也不回地说：“我听说楚国有一神龟，已经死了三千年了。可是楚王用竹箱装着它,用上好的布料覆盖着它，把它珍藏在宗庙里不让它入土。你们猜猜这只神龟，是宁愿死去为了留下骨骸而显示尊贵呢，还是宁愿活着在泥水里拖着尾巴自由自在的呢？”

两位大臣相互看了一下说：“对一只乌龟来说，应该比较喜欢拖着尾巴活在泥水里游来游去吧。”

庄子说：“既然这样，你们可以走了！我宁愿像它一样拖着尾巴生活在泥水里。”

名利看起来是实的，实则是虚无缥缈的。无名无利看起来一无所有,实则是一种真实的拥有。所以当被征召去做官的时候，庄子说自己宁可曳尾涂中，过着穷困但是却自在的日子。

正如洪应明所说的：“人知名位为乐，不知无名无位之乐为最真。”活在世界上，名声地位并不是快乐圆满的生活的源泉，反而是不刻意求名逐利的人无忧无虑，生活悠然。比如，一个非常正直的学者，一生治学严谨，绝不会沽名钓誉，他能把名利看得淡一些，境界就会高一些。

事实上，人生的规则也正是如此奇妙，贪慕虚名、急功近利者往往得不到真正的名誉；沽名钓誉，无所不用之徒往往得不到真正的快乐。庄子言：“不为轩冕肆志，不为穷约趋俗，其乐彼与此同，故无忧而已矣。”总而言之，我们做人，要懂得安贫乐道，以淡泊之心看待名利，这样就能将客观的、外在的出身、家世、钱财、生死、容貌等都看得很淡，从而达到洒脱的境界。

第五章

多藏者厚亡，高步者疾颠

——守逸从容的智慧

富贵者不如贫者无虑，位高难如布衣平安

原文

多藏者厚亡，故知富不如贫之无虑；高步者疾颠，故知贵不如贱之常安。

意译

财富聚集得太多的人，失去时损失也大，由此可见富有的人还不如贫穷的人过得无忧无虑；地位爬得越高的人，摔得也会越惨，由此可见地位高的人还不如卑贱的人过得平安。

清心智慧

古人云：“达亦不足贵，穷亦不足悲。”当年陶渊明荷锄自种，嵇康树下苦修，两位虽为贫寒之士，但他们能于利不趋，于色不近，于失不馁，于得不骄。这实在是人生的一种极高境界！

人生待足何时足？名利富贵是永无止境的，只有适可而止，才能知足常乐。其实心是人的主宰，烦恼皆由心而起，心中名利之欲无休止地膨胀，人便不会有知足的时候。欲望就像与人同行，见到他人背有较多名利走在前面，便不肯停歇，而想装载更多欲望走在更前面，结果在路的尽头累倒。

由此可见，承载那么多东西，最后却被累死，背的越多，越是受累，欲望越少的人反而活得最轻松最快乐。因为知足者能看透欲望的本质，心中拿得起放得下，心境自然开阔。

古代贤者认为，富有的人不如贫穷的人无忧无虑，原因是财富越多，失去时损失越大；地位高的人不如地位低的人生活安乐，原因是爬得越高，摔下来时伤得会越惨。

明朝画家史忠正是一位深得前人智慧精髓的智者。当年，他的女儿早已订下婚约，到了出嫁年龄，婿家却因贫寒无力迎娶。于是史忠想出一个计策，上元节时，他假称要观灯，偕妻与女儿来到婿家。到了婿家门前，呼婿出拜，留下女儿，他与夫人大笑而去。他曾作一首七言绝句："痴老平生性僻疏，胸中尘垢半是无。岁寒起坐烧银烛，写个江山雪霁图。"

过多的钱财、过高的地位会给人们带来祸害，更何况是抛弃信义而得到的不义之财呢？史忠能够不以财富、地位取人，信守承诺将女儿嫁给了贫寒的婿家，表现了他不嫌贫不爱富的高风亮节。

扪心自问，不断地追逐欲望的生活不累吗？被欲望沉沉地压着，能不精疲力竭吗？静下心来想一想，有什么目标真的非让我们实现不可，又有什么东西值得我们用宝贵的生命去换取？让我们斩除过多的欲望吧，将一切欲望减少再减少，从而让真实的自我浮现。

将欲望需求降到最低，人们才会发现真实、平淡的生活才是最快乐的。拥有这种超然的心境，你做起事来就能不慌不忙，不躁不乱，井然有序；面对外界的各种变化就能不惊不惧，不愠不怒，不暴不躁。而对物质的引诱，心不动，手不痒。没有小肚鸡肠带来的烦恼，没有功名利禄带来的拖累。活得轻松，过得自在。白天知足常乐，夜里睡觉安宁，走路感觉踏实，蓦然回首时没有遗憾。达并不足喜,穷也不足忧。守住一颗平常心，欲望少一些，快乐多一些，不攀比才能实现真正的幸福。

人能看破天下可握，不被世俗牵绊

原文

以幻境言，无论功名富贵，即肢体亦属委形；以真境言，无论父母兄弟，即万物皆吾一体。人能看得破，认得真，才可以任天下之重担，亦可脱世间之缰锁。

意译

从尘世无非虚幻的现象来看，不只功名富贵是假象，就连四肢五官也都是上天给予的躯壳；从客观世界中超越一切的眼光来看，不要说父母兄弟，就是万事万物也和我同为一体。所以，人要看得透彻，认得真切，才可以担负天下的重任，也才可以摆脱世间功名利禄的束缚。

在商品经济的社会中，似乎追求金钱，讲求致富是一种普遍的社会风尚。当人的心灵被金钱所锈蚀，人们就已经不再是自己精神的主宰者，而完全成为被物质文明支配的奴隶。以至于许多有钱人曾感叹自己除了钱以外什么都没有，可见有时越是富有，贪图物质生活享受越多，精神就越空虚。

当然，过分强调返璞归真、不慕名利是不现实的，但一个人不讲道德情操，一个社会不讲精神追求，以致学子放下学业、先生丢下教鞭下海追求致富，那么这种富裕满足也是畸形的。

其实，拥有多少财富也终究成空，毕竟这东西生不带来死不带去的，够花即可。若过分追求而陷入其中，终究会抛弃道德理想，失去自我。如此被世俗羁绊的人又如何可以胸怀大志有所成就呢?

弘一法师出家后，极力避免陷入名利的泥沼自污其身，因此从不轻易接受善男信女的礼拜供养。他每到一处弘法，都要先立三约：一不为人师；二不开欢迎会；三不登报吹嘘。他谢绝俗缘，很少跟世俗中人来往，尤其注意不与官场人士接触。

那时法师在温州庆福寺闭关静修，温州道尹张宗祥慕名前来拜访。能与道尹结交，是一般人求之不得的事情，法师却拒不相见。无奈张宗祥深慕法师大名，非见不可，弘一法师的师父寂山法师只好拿着张宗祥的名片代为求情。李叔同央告师父，甚至落泪：“师父慈悲！师父慈悲！弟子出家，非谋衣食，纯为了生死大事，妻子亦均抛弃，况朋友乎？乞婉言告以抱病不见客可也！”

张道尹无奈，只好怏怏而去。

一个人，心要像明月一样皎洁，像天空一样淡泊，才能做到与人无争、与世无争。人世皆无争，才能安心做一名淡泊的人。心安定了，才能专注于修行。弘一法师研修律宗，最后能成为一代宗师，与他淡泊名利的心境是分不开的。

人格的伟大之处就在于它超出了对世俗欲望的需求而追求品德的完善。一个人做到淡泊、宁静的时候，就是放弃了世俗的观念，就是清空了心灵中积存的枯枝败叶。人只有清空了心灵，才能最大限度地获得生命的自由、独立，才能收获未来的光荣与辉煌。

在智者看来，宇宙生命的来源本来就是清虚的，然而这个世界却有太多虚幻的诱惑，因此人们就会为了得到美丽的云彩而心生太多欲望。同时，人生中的很多选择、取舍，也不过在一念之间。所以，一个人需要以清醒的心智和从容的步履度过这虚虚实实的岁月，虽然我们渴望成功，渴望生命能在有生之年划过优美的轨迹，但如果我们没有这份清醒和从容，就不会得到一份实实在在的成功。

如果我们看得透彻、认得清楚，自然会获得这份从容和清醒，从而达到“任天下之负担,亦可脱世间之缰锁”的境界。认得真、看得透，就能超凡入圣。万物蕴藏胸中，则行止坐卧，自在放旷，脱却了俗世的缰锁，才能真正实现和突显自身的价值。

尽管生活中有很多无奈、烦恼和功名富贵的诱惑，我们也必须为了生活奔波忙碌。但是既然看得透了自然会淡然处之，世上没有一样东西是可以完完全全地被抓住的，那就不必斤斤计较。

能看破红尘，不为俗物所染，才能真正地潇洒自在。如果耽于功名富贵，会使自己活得累，缺少主见与智慧，也会使自己的情感日见枯槁，内心煎熬。所以，面对各种事情尽力做好即可，莫要强求，这样人生自然会从容清醒许多。

守逸之味，最平淡也最隽永

原文

趋炎附势之祸，甚惨亦甚速；栖恬守逸之味，最淡亦最长。

意译

依附权势所带来的祸害往往是很悲惨且很迅速的；保持恬静淡泊的生活态度，虽然很平淡，趣味却最悠久。

清心智慧

熟悉历史的人一定知道，依附权贵的奸佞之辈，都不过是于一时荣华富贵作威作福，因为他们所依附的权贵本身就如一座冰山，转眼之间就会家破人亡。只有那些不贪名利不趋炎附势的人，每天过着自由恬淡的生活，才能宁静以致远，获得最长久的幸福。

远祸而快乐，冷眼看世界。的确，当权势、财富、名望等人造的幻象向这些人袭来的时候，他们总是用宽容的微笑去接受，也并不相信这些名利有什么特殊，拥有了它，自己又会有怎样的不同。因此，不为富贵而惑的人是智者，只有这样的人，才豁达、自由，少有忧伤和烦恼。

战国时代，孟子名气很大，府上每日宾客盈门，其中大多是慕名而来的求学问道之人。有一天，接连来了两位神秘人物，一位是齐国的使者，一位是薛国的使者。对这两人，孟子自然不敢怠慢，小心周到地接待他们。

齐国的使者给孟子带来赤金 100 两，说是齐王所赠的薄礼。孟子见其没有下文，坚决拒绝齐王的馈赠。使者灰溜溜地走了。

隔了一会儿，薛国的使者也来求见。他给孟子带来50两金子，说是薛王的一点儿心意，感谢孟子在薛国发生兵难时帮了大忙。孟子吩咐手下人把金子收下。左右的人都十分奇怪，不知孟子葫芦里装的是什么药。

陈臻对这件事大惑不解，他问孟子："齐王送你那么多金子，你不肯收；薛国才送了齐国的一半，你却接受了。这是为何？到底怎么做才算是正确的呢？"

孟子回答说："都对。在薛国的时候，我帮了他们的忙，为他们出谋设防，平息了一场战争，我也算个有功之人，为什么不应该受到物质奖励呢？齐国人平白无故给我那么多金子，是有心收买我，君子是不可以用金钱收买的，我怎么能收他们的贿赂呢？"

左右的人听了，都十分佩服孟子的见解和操守。一个人要想走得长远，就应该像孟子一样，守住自己的底线，哪怕过得不够显赫轰烈，但能品尝到生活最真的滋味。

富贵与钱财为世人所喜爱，让世人疲于奔命而又心甘情愿。

但是人不能违背自己的良心与道义去拿不属于自己的东西，就算你拿到了不义之财，将来也要为此付出巨大代价。一个人可以爱财，但是一定要取之有道。那些原本可以安享一生的人因为用旁门左道去发财，结果在监狱里消耗了自己的人生。

欲望过多，不加节制，人心便会发生病态的畸变，形成自私、攫取、不满足的价值观，继而出现不正当的行为。所以，我们每一个人都不要过分地贪图富贵，应得之财可接受，非分之财莫奢求，只有这样我们的心态才会开阔起来，幸福的生活也就自然地随之而来。

给欲望降温，方可享受宁静生活

原文

生长富贵家中，嗜欲如猛火，权势似烈焰。若不带些清冷气味，其火焰不至焚人，必将自烁矣。

意译

生长在富豪权贵之家的人，他们的欲望像猛火一样强烈，他们的权势像烈焰一样灼人。如果不时时给他们一些清醒的观念加以调和的话，即使这些欲望和权势的火焰不会焚烧他人，也会将他们自己灼伤。

人的欲望是无止境的，有了财富还希望有权力，有了权力还希望满足其他想法。如果没有良好的道德水准，不够理智，就容易任性胡来。从这个意义来说，欲念好比是烈火，理智好比是凉水；凉水可以扑灭烈火，理智可以控制欲念。

一个没有高尚道德修养的人，是无法缓和其内心各种强烈欲念的，那他就很可能随心所欲为非作歹，或者声色犬马纵情欢乐。如此一来，不但腐蚀人心危害社会，也必然会走向"自烁"的毁灭之途。可见一个人的道德修养、思想境界很重要，如果不注意培养自己高尚的情操，没有一个正确的人生观，那么他的各种欲望就会恶性膨胀，不仅会毁掉他的财富，也会使他自己的精神处于崩溃状态而自毁其身。

有一位阅尽世事的老人，对前来向他请教人生问题的年轻人说："人生其实很简单，就跟吃饭一样，把吃饭的问题搞明白了，也就把所有的问题都搞明白了。"年轻人困惑不已：漫长复杂的人生，如何能与再平常不过的吃饭相提并论？

老人看着他充满疑惑的双眼，淡然一笑，接着说："事实就是如此，只不过用嘴吃饭是人自出生那一刻开始，便拥有的一项无师自通的技能。然而，真正用心吃饭则有一定的难度，即便是有名师指点，也未必有几个能学得会。聪明者为自己吃饭，愚昧者为别人吃饭；聪明者把吃饭当吃饭，愚昧者把吃饭当表演；聪明者吃饭既不点得太多，也不点得太少，他知道适可而止，能吃多少就点多少，他能估测自己的肚子；愚昧者则贪多求全、拼命点菜，什么菜贵点什么，什么菜怪点什么，等菜端上来时又忙着给人夹菜，自己却刚吃几口就放下了，他们要么就是高估了自己的胃口，要么就是为了给别人做个‘吃相文雅’的姿态；聪明者付账时心安理得，只掏自己的一份；愚昧者结账时心惊肉跳，明明账单上的数字让他心里割肉般疼痛，却还装出面不改色、心不跳的英雄气概，宛然他是大家的衣食父母；聪明者只为吃饭而来，没有别的动机，他既不想讨好谁，也不会得罪谁；愚昧者却思虑重重，既想拼酒量，又想交朋友，还想拉业务，他本来想获得众人的艳羡，最后却南辕北辙、弄巧成拙，不是招致别人的耻笑，就是引来别人的利用。吃饭本是一种享受，但是到了他这里，却成为一种酷刑。”

由此可知，吃饭跟人生竟是如此相似。人生中太多光怪陆离的东西，就像永远无法尝尽的食物一样，谁也无法说出哪些是好的，哪些是不好的，哪些值得追求，哪些不值得追求，哪种模式算是成功，哪种模式算是失败。如果把富贵比作一团火的话，那么淡泊、理智的心就是给火降温的水。当一个人心中燃起富贵的火时，如果没有淡泊和理智的降温控制，火势就会蔓延，甚至无法控制，这样不仅会烧伤自己，还会灼伤别人。

人们应该有这样一个清醒的认识，即富贵作为一种存在，是人为的结果，它能为人心灵的满足提供多种手段和工具，但是绝不是唯一能够满足人心的东西。当我们没有得到富或贵时，不过分奢求富贵，享受当下的生活，则自得人生真趣。当我们凭自己的努力得到富贵时，“带些清冷气味”，保持一颗冷静淡泊的心，让我们在拥有高质量生活的同时也不会因为财富权势对他人造成威胁和伤害。

富贵之人要知贫贱痛痒

原文

处富贵之地，要知贫贱的痛痒；当少壮之时，须念衰老的辛酸。

意译

生活在富贵的环境中，要知道贫穷困苦人家的艰难；年轻力壮时，要想到年老力衰后的悲哀。

清心智慧

陈胜没有称王的时候，曾和同伴相约："苟富贵，毋相忘。"可陈胜真的富且贵的时候，就把这句话抛到脑后去了。

贫穷和富贵是相对立的，从古到今，很多人一旦有了权势，便觉身价百倍，不思为民造福，忘却"水能载舟，也能覆舟"的古训。有了财富，便趾高气扬，骄奢淫逸，仿佛自己的血统都比别人高了。在富贵时想不到贫穷，既难使富贵长久，也谈不上具备好的品德。

其实，人要想得长远，要未雨绸缪，懂得规划。一个人不管身处贫困还是富贵，都要想到可能发生的转变。正如年轻人要懂得珍惜时间，爱惜生命。“少年休笑白头翁，花开能有几日红”，“明日复明日，明日何其多”，毕竟人都有年老的时刻。人要特别珍惜青春而顾念晚年的衰老生活，惜时如金，否则一生一事无成，将来不堪回首何其凄凉。

“陶朱公”范蠡，正是这样一个“忠以为国；智以保身；商以致富，成名天下”的智者。他能够在功成名就之时毅然隐退，在家财万贯的时候散尽千金，只因为他不执着于眼前的利害而放眼于将来的顺逆。

范蠡侍奉越王勾践，与勾践运筹谋划二十多年，终于灭了吴国，洗雪了会稽的耻辱。后来，勾践称霸，范蠡做了上将军，备受尊崇，但是范蠡却能够适可而止、急流勇退。他明白“飞鸟尽，良弓藏;狡兔死，走狗烹”的道理，也深知勾践为人可与共患难，难与共安乐。于是，他毅然抛弃了到手的荣华富贵，与西施一起泛舟齐国。

在齐国，由于他仗义疏财、贤名远播，受到齐王赏识，官拜相国。此时的范蠡，可以说是集富贵、权势、声名于一身，但是这些并没有让他放松警惕。他喟然感叹：“居官至于卿相，治家能致千金。对于一个白手起家的布衣来讲，已经到了极点。久受尊名，恐怕不是吉祥的征兆。”于是，才三年，他再次抽身离开，向齐王归还了相印，散尽家财给知交和老乡。

这次，一身布衣的范蠡来到定陶，那里四通八达，地理位置优越，是经商的宝地。范蠡带领家人耕作和牧畜，战胜了各种自然灾害，获得了庄稼的丰收和六畜的兴旺。随后，他又不失时机地转而从事商业买卖，积累资金，看准时机大胆地买进卖出，虽然一次只谋取十分之一的利润，但他的买卖做得十分红火。没过多久，他就凭此积累了数百万的财富。

相反，越王勾践的谋臣文仲，曾和范蠡一起为勾践出谋划策，也为打败吴王夫差立下赫赫功劳。但是在灭吴后，文仲自觉功高，不听从范蠡的劝告，继续留下为勾践效力，却终为勾践所不容，受赐剑自刎而死。而范蠡却能明哲保身，居安思危、急流勇退，得享百年高寿。

同为国家立下赫赫功劳，范蠡和文仲之后的命运却截然不同，其中关键在于，范蠡比较有远见，在顺境之中能够预见逆境的到来，而且能够未雨绸缪，及早做出行动，改变即将到来的不利处境。而文仲却安于顺境，不懂得宠念辱的道理，结果受辱身死，令人慨叹。

当然，范蠡急流勇退之时，放弃了很多东西，功名利禄这些常人难以拒绝的诱惑，都没能阻挡他离开的脚步，这是十分需要勇气和魄力的。人们在日常生活之中，不要被眼前的利益所束缚，蜗角虚名、蝇头小利，当放弃则放弃，居安思危、放眼长远才是明智之举。

没有这种危机意识的话，身处顺境却无法警惕可能存在的不利因素，居安思危，防患于未然，只有这样才能掌握事情发展的先机，避免可能发生的不好的事情。如果能做到居安思危，就更利于人们保持从容自然的状态。

不希荣不竞进，自然无忧无畏

原文

我不希荣，何忧乎利禄之香饵？我不竞进，何畏乎仕宦之危机？

意译

我不去追求荣华富贵，又何必担心名利和官禄的诱惑呢？我不想升官发财，怎么会恐惧官场上潜伏的各种危机呢？

清心智慧

每个人都有物质需要和精神需求，都有人生追求和对幸福的理解感受。有追求是好事，但追求的若是金钱和奢华的物质享受就会大错特错。可以说，追求基本的物质需求无可厚非，但在追求物质的同时，也不要忘记丰富自己的精神世界，不能放弃思想道德修养。在工作和生活中，要不断完善自我，不断地提升自己的思想境界，以不断进取、追求卓越。

对物质的追求要懂得适可而止，不要有过分的奢求，更不要穷奢极欲。换句话说：对物质生活的要求不要过高，不要追求那些自己力不能及的事物，更不要被虚荣心所累。如果爱慕虚荣，贪图荣华富贵，追名逐利，就会沦为金钱、欲望和物质的奴隶，受制于欲望的人自然会丧失自己的方向甚至是灵魂，从而可能做出害人害己的事情。

有这样一个令人深思的例子：

以前，有两个年轻人，他们是邻居，都自幼失去父母，家境十分贫寒。他们俩终日以打柴为生,生活十分清苦。即便如此，他们从来没有抱怨过，起早贪黑，一天到晚忙得不亦乐乎。生活虽然艰苦了点儿，但过得还算舒心。

观世音菩萨得知了他们二人的情况，为他们的意志所感动，决心下界去帮他们一把。清晨时分，菩萨来到了两人的梦中，对他们说："远方有一座太阳山，山上撒满了光灿灿的金子，你们可以前去拾取。不过路途非常艰险，你们可要小心！并且，太阳山温度很高，你们一定要在太阳出来之前下山，否则，就会被烧死在上边。"说完，菩萨就不见了。

这二人从睡梦中醒来，非常兴奋，便早早起程去了太阳山。一路上，他们不但遇到了毒蛇猛兽、豺狼虎豹，而且天空中还狂风大作、电闪雷鸣。他俩咬紧牙关，团结一致，最终战胜了各种艰难险阻，历尽千辛万苦，终于来到了太阳山。

两人一看，漫山遍野都是黄金，金光灿灿的，照得人睁不开眼。乙一脸的兴奋，望着这些黄金不住地笑，而甲却只是淡淡的。

甲从山上捡了一块黄金，装在口袋里，下山去了。乙捡了一块又一块，就是不肯罢手。不一会儿整个袋子都装满了，乙还是不肯住手。此时，太阳快出来了，可是乙却仍在不停地捡。

一会儿，太阳真的出来了，山上的温度也在渐渐地升高。这时，乙才慌了神，急忙背着黄金往回跑，无奈金子太重，压得他步履蹒跚，根本就跑不快。太阳越升越高，乙终于倒了下去，被烧死在了太阳山上。

甲回家后，用捡到的那块金子当本钱，做起了生意，后来成了远近闻名的大富翁。可乙却永远留在了太阳山，成为无限欲望控制下的又一个牺牲品。

显然，欲望过度是人们不快乐的根源，欲望是快乐的最大障碍。一个人只有抛开心中欲望的纷扰，真正把自己从物质的束缚中解放出来，才能够成就不朽的事业。面对荣华富贵不动心，不去为了所谓的名利而“奋勇拼搏”，要想无畏无惧，就不会有非分之想，也就能保证正常的心理平衡了。所以，人要时刻保持清醒的头脑，摒弃不该有的欲望。

其实，如果我们能够停下来回头看看自己走过的岁月，就会发现，除了一路追寻物质的脚印，我们几乎什么都没有留下。很多时候，事业和成功都是在淡泊和刻苦中积累起来的，什么都没留下是因为我们把时间都用在了享受和索取上面，却忘记了只有控制自己的欲望，不被物欲控制，才能认清成功道路的道理。要知道，生命是有限的，贪图太多，生命就变成一场负重行走，就再也无心欣赏沿途的美景。

第六章

人心不可一日无喜神

——喜怒不扰的智慧

持身不可轻，用意不可重

原文

士君子持身不可轻，轻则物能挠我，而无悠闲镇定之趣；用意不可重，重则我为物泥，而无潇洒活泼之机。

意译

一个才德兼备的君子，平日待人接物绝对不可有轻浮的举动，尤其不可有急躁的个性，因为一旦轻浮急躁就会把事情弄糟而使自己受到困扰，这样自然就会丧失悠闲宁静的生活雅趣；同理，君子在处理任何事情时，都不可思前虑后想得太多，因为凡事如果想得太多，就会陷入外物约束的艰苦局面，丧失超然物外、无拘无束的蓬勃生机。

清心智慧

生活中，我们很钦佩那种在危急关头临阵不慌、镇定自若的大将风度，这种风度很多时候并不是与生俱来的，而是源自后天的修持。“持身不可轻”，“用意不可重”，可以看作人们磨炼性格的准则。事情利弊轻重是相对的，人们不能不衡量其中利害关系就贸然行动，更不能犹豫不决没有作为，否则势必什么大事也做不了。由此可见，把握事物利弊轻重对比，是避免人们意气用事和犹豫不决的基础认知。

有些人特别是年纪轻、经验少，又急于求成的人做事容易冲动，不计后果。有些人缺少计划，任性而为，想到哪儿做到哪儿，根本不考虑现实状态中的利弊关系和影响。他们也许有极强乃至过度的自信心，总是天真地认为即使没有经过精心的设计与安排也同样能够马到功成，而这些人通常都是行事草率鲁莽的人。

一个人草率行事只能让自己吃尽苦头——毫无头绪、混乱不堪、漏洞百出。“行动之前先仔细看”或“投资之前先仔细研究”这两句话不代表一个人做事犹豫没有决断,而是要警告我们:采取行动千万不可鲁莽、仓促，要认清事情的真相再做出相应的行动。

三国时期，战乱频仍，魏蜀吴三大集团斗争激烈。在赤壁之战前夕，蜀国足智多谋的诸葛亮想到了一个办法来联合吴国。

有一天，诸葛亮去看望周瑜，对他说：“听说曹操建起了一个铜雀台，金碧辉煌，极其壮丽，他知道江东大乔和小乔是绝色美女，有沉鱼落雁之美，闭月羞花之容，因此想把二乔置于铜雀台以供其享乐。”

听完此话，周瑜心中一惊，问他是怎么知道的，只见诸葛亮不紧不慢地说：“曹操曾让其儿子曹植作过一首《铜雀台赋》，里面写到‘立双台于左右兮，有玉龙与金凤。揽二乔于东南兮，乐朝夕之与共。’你为什么不把二乔送给曹操呢？免得他过江来攻打东吴。”

这个建议使得周瑜勃然大怒，拍案而起，喝道：“曹操真是欺人太甚了！”在一旁的诸葛亮还假装不懂，说道：“汉天子曾许公主和亲，将军为何吝惜两个民间女子呢？”

然而周瑜对他说：“您有所不知，大乔是孙策的夫人，小乔便是我的妻子。”诸葛亮一听，连忙谢罪。可经过诸葛亮刺激之后的周瑜早已咬牙切齿，狠狠地说：“我与曹操老贼势不两立，明天去见主公，共议起兵。”这样，双方决定联合起来对付曹操，便有了后来著名的赤壁之战。

周瑜只听从诸葛亮的片面之词，被诸葛亮装出来的假象所迷惑，没有判别是非曲直，就草率地决定起兵攻打曹操，被人利用而不自知。如果周瑜能够慎重分析起兵攻打曹操的危害，衡量其中的得失，自然就不会承担草率行事的后果了。

不过，多思也未必都是好事，有时思虑太多反而会误事。本是一件小事，考虑太多，思来想去，越想越糊涂，人也变得昏沉沉，久久不见行动，甚至不敢行动。有多少机遇都会在无意义的思考中溜走。

自古以来，无数事实都证明了这一点。官渡之战时，许攸建议袁绍派少量精锐骑兵从侧后方突袭曹操的大本营许昌，但袁绍不敢派精锐部队深入敌后，怕有所损失，一直犹豫不决，谁料当时曹操的后方早就没有多少部队驻守了。如果袁绍采纳许攸的建议，历史上官渡之战的结果也许就会改写了。袁绍因为他的犹豫白白错失了击败曹操的最好机会。

在做事情之前，我们一定要掌握好分寸，最好全面掌握事情发展事态，深入分析当事者可能面临的利弊关系，既不能轻率冒进，也不要思前想后犹豫不决，这样才能成为一个充满智慧的人。

喜怒不愆，别让情绪导致错误行为

原文

吾身一小天地也，使喜怒不愆，好恶有则，便是燮理的功夫；天地一大父母也，使民无怨咨，物无氛疹，亦是敦睦的气象。

意译

我们自己的身体就等于是一个小世界，不论高兴或愤怒都不可以犯下过失，对于所喜好的和所厌恶的东西也要有一定标准，这就是做人的和谐调理功夫；大自然就如同全人类的父母，负责养育人民，让每个人都没有牢骚怨尤，使万物都能没有灾害而顺利成长，这也是造物者的一番亲善友好恩德，天地间一片祥和的景象。

清心智慧

中医的核心是和谐调理，即人体的保养讲究营养平衡，其实自然界的维护也要求生态平衡，任何事物都在一种调和状态中才能保持和谐。只有明白了这一点，自我修养才会有一个好的开端。

我们知道，人体是以心为主宰，天地是以日为中心。天地有春夏秋冬四季的运行，风雨阴阳的和合生育万物；同理，我们人类也有喜怒哀乐的情绪，好恶善恶的运用构成人格。假如天地经常狂风暴雨，就不会孕育出好的生命；同理，一个人假如整天狂喜暴怒，就不能培养出完美的人格。所以，学会控制情绪，保持平和状态才不会让坏情绪影响人们。

1965 年 9 月 7 日，世界台球冠军争夺赛在美国纽约举行。刘易斯·福克斯以绝对优势将其他选手甩到身后，轻松地杀进了决赛。局势很明显，他胜利在望。

在决赛的时候，他开始的状态也是非常顺利，只需要再得几分，就可以拿到冠军了。可是就在这个时候，意外的事情却发生了。当他要击球的时候，一只苍蝇落在了主球上，看到这只苍蝇，他生气地将它赶走了。

可是当他再次俯身准备击球的时候，那只苍蝇又落到了主球上，这时刘易斯·福克斯的情绪更加恶化了，因为这只讨厌的苍蝇不断地落到主球上让他分了不少心。在刘易斯·福克斯的眼里，那只苍蝇仿佛是有意要与他作对，只要他一回到球台准备击球，那只苍蝇就会重新落到主球上来。

这让刘易斯·福克斯愤怒到了极点，他终于失去了理智，难以抑制内心的愤怒，全然不顾自己还在比赛，竟开始用球杆打苍蝇。多么滑稽的场面啊！

结果球杆触动了主球，裁判判他击球，他也因此失去了一轮机会。经过这一番折腾，刘易斯·福克斯一下子方寸大乱，在后来的比赛中连连失利，而他的对手约翰·迪瑞却越战越勇，迅速赶了上来并将其超越，最终赢了这场比赛。

令人惊讶的是，在第二天早晨，人们在河边发现了刘易斯·福克斯的尸体，他投河自杀了。

显然，愤怒让刘易斯失去了应有的理智，做出了一个选手不该做的事情。这足以看出，愤怒情绪已经扰乱了他的职业生活，使他与冠军失之交臂。更不幸的是赛后，他选择了自杀，可以看出，愤怒之心已经危害到了他的生命。

同样的道理，人在高兴时也往往难以自控，比如因为某件事而非常开心，在兴头上就开始和别人过分地开玩笑，甚至触及别人的痛处，这就会给别人的内心造成伤害，从而破坏自己的人际关系。而从自身来看，中医认为过度兴奋会变成狂喜，会出现犹如范进中举一般的失心疯。

所以，要想获得健康轻松就不要让极端情绪掌控我们的生活。只有掌控住自己的情绪，周围的人才不会因为我们而受到伤害，我们的生活也会变得更加理性。

大动肝火易失去判断力

君子宜净拭冷眼，慎勿轻动刚肠。

意译

一个有才学品德的君子，要以冷静的态度来面对事物，要小心从事，不要轻易地表露自己刚直的性格。

清心智慧

“君子宜净拭冷眼”，说的就是要冷静对待一切事物，擦亮眼睛，看透事物的因果。“慎勿轻动刚肠”，就是说遇事不要急躁妄动，过于刚烈则失去理智，损人亦损己。要知道，冷静是勇敢机智的催发剂，会帮助人们快速理清局势，做出正确决策。而能于非常情况下做到镇静自若的人，必定是一个具有超常勇气的人。正如一位文学家所说：“冲动就像地雷，碰到任何东西都一同毁灭。”如果你不注意培养自己冷静平和的性情，一旦碰到不如意的事就暴跳如雷，情绪失控，就会陷入自我戕害的囹圄之中。

一个人在关键时刻，在危难之中能够保持冷静，不仅是一种可贵的品质，更是战胜困难、避免危险的重要条件。面对生活中的压力、危险和突发状况时，应保持冷静的头脑，控制好自己的情绪，如此才能控制意外的局面。

在一次暴雨之后，有一堵围墙被雨冲倒了，一个穷人从倒了的墙里挖出了一坛金子，因此他一夜暴富。

有了钱之后这位穷人想让自己变得更聪明一些，于是，他就向一位老人诉苦，希望老人能指点迷津。

老人告诉他：“你有钱，别人有智慧，你为什么不用你的钱去买别人的智慧呢？”于是穷人就来到城里，见到一个智者，就问道：“你能把你的智慧卖给我吗？”

智者答道："我的智慧很贵，一句话100两银子。"

那个穷人说："只要能买到智慧，多少钱我都愿意出！"于是那个智者对他说道："遇到困难不要急着处理，向前走三步，然后再向后退三步，往返三次，你就能得到智慧了。"

"智慧这么简单吗？"穷人听了将信将疑，生怕智者骗他的钱。

智者从他的眼中看出了他的心思，于是对他说："你先回去吧，如果觉得我的智慧不值这些钱，那你就不要来了，如果觉得值，就回来给我送钱！"

当晚回家，在昏暗中，他发现妻子居然和另外一个人睡在炕上，顿时怒从心生，拿起菜刀准备将那个人杀掉。

突然，他想到白天买来的智慧，于是前进三步，后退三步，做了三次。突然间，那个与妻同眠者惊醒过来，问道："儿啊，你在干什么呢？深更半夜的！"穷人听出是自己的母亲，心里暗惊："若不是白天我买来的智慧，今天就错杀母亲了！"

第二天，他早早地就给那个智者送钱去了。

故事中的"向前走三步，向后退三步"，无非是告诉我们在遇到事情时，要能够保持冷静，等了解事情真相后再做决定。可以想象，如果方向错了，行动越快，显然会陷得越深。只有遇事沉着冷静，才能够控制自己的情绪，有效地处理问题，最终才会修成正果。

冷静是美丽的珍宝，它来自长期耐心地自我控制；冷静是一种成熟的品质，来自对事物规律的透彻了解。一个冷静的人不会在任何事情面前大惊小怪，而会在大风大浪中如岩石般屹立于海岸，岿然不动。保持冷静，就会拥有处变不惊、泰然自若的人生。

内心永远保持喜悦的花香

原文

毋忧拂意，毋喜快心，毋恃久安，毋惮初难。

意译

对于不合意的事不要感到忧心忡忡，对于让人高兴的事不要欣喜若狂，对长久的安定不要过于依赖，对开始遇到的困难不要畏惧害怕。

清心智慧

在这个世界上，有这样一群雄心壮志的人，他们心里装着一份改造世界的伟大计划，希望社会像自己梦想的那样运转。当听到他们夸夸其谈时，个个都像完美的理论家，但是真正做起事来，十之八九碰到一点儿困难就灰心丧气、溜之大吉。出门碰了壁、撞了墙，他们就被吓坏了。第一步受挫，就不敢迈出第二步，把头埋进沙滩，再也不敢面对现实迎接挑战。遇忧则失望到底，遇喜则手舞足蹈，可以想象，这样的人做什么事情都很难成功。

世事无常，事物不会完全按照人们预想的方式发展。现在不如意不代表将来没转机；现在生活安宁、事事顺利，也不意味着将来不会出现波折。对一个人来说，最可怕的就是满足现状、不思进取。因而，“喜忧安危，勿介于心”，无论有多少困难，有多少人反对，我们都要坚定自己的信念。我们该做的就是睁大眼睛，稳定情绪，一步步踏实前进！

一年四季，春夏秋冬，人生也如四季，悲喜交替，循环往复。快乐与悲伤会时常地跑来敲我们的门，就像抛起的硬币一样，你永远无法预测即将来临的是哪一面。人们既然无法控制即将遇到的幸与不幸，何不淡定洒脱一些，凡事顺其自然，“毋忧拂意，毋喜快心”。

一天傍晚，一位学僧在寺庙里的树下静坐，突然闻到柔和的晚风里夹杂着阵阵花香。这花香使学僧非常感动，竟从黄昏静坐到深夜，舍不得离开。

寺庙隔壁就是一座繁花似锦的花园，为什么平时闻不到花香呢？学僧思索着，原来平常有风吹着花朵的时候，由于人心绪波动，不一定能闻到花香。当人心静下来的时候，又不一定有风吹来，所以也嗅不到花香。然而在这个黄昏，学僧的心情特别宁静，又恰逢花朵竞相绽放的春天，还有柔柔的春风缓缓吹送，在这么多因素的配合下，学僧自然就闻到了最美妙的花香。

在静谧的时光里，花香如和缓的流水围绕着学僧，流过他的身心，然后流向不可知的远方。在这无边的宁静中，学僧的心也随花香飘动起来，他想到了一些从未想过的问题：草木一般都是开花的时候才会香，有没有不开花就会香的草木呢？花朵送香都限制在一个短暂的时间段，有没有四季芬芳不败的花朵呢？花朵的妙香飘得再远也有一个范围，有没有弥漫世界的香气呢？所有的花香都是顺风飘送，有没有在逆风中也能飘送的香呢？……

学僧沉溺于这些问题中，接下来的几天竟然都无法静心。

有一天，学僧又坐在花束中出神，方丈走过他静坐的地方，就问他："你的心绪波动，到底是为了什么呢？"学僧就把自己苦思而难解的问题告诉了方丈。

方丈开示说："守戒律的人，不一定要开花结果才有芬芳，即使没有智慧之花，也会有芳香。有禅定的心，就不必在因缘里寻找芬芳，他的内心永远保持喜悦的花香。智慧开花的人，他的芬芳会弥漫整个世界，不会被时节范围所限制。一个透过内在养成戒、定、慧的品质的人，即使在逆境里也可以飘送人格的芬芳呀！"

学僧听了，垂手肃立，感动不已。

方丈和蔼地又说道："修行的人不只要闻花园的花香，也要在自己的内心开花，那是有德行的香。这样，不管他居住在城市还是山林，所有人都会闻到他的花香！"

人们每天都忙忙碌碌，各种各样的烦恼层出不穷：一个烦恼过去，下一个烦恼又来了。内心的烦恼源于永不满足的内心，就像故事中的学僧一样，闻到了花香，就一直在因缘里找花香，带来的必然是心绪的不宁静。索性就随喜、随性、随意地去感受，顺其自然地去体味，如此即可保证心中自在平静。

生活中的太多东西强求不来，那些刻意追求的某些东西或许我们终生都无法得到，而那些不曾期待的灿烂往往会不期而至。面对生活中的顺境与逆境，不如保持一副"随时""随性""随喜"的模样，心境自然，从容淡定，生活便会时不时地给我们一些惊喜。至于"毋恃久安，毋惮初难"，则是告诉人们要拥有危机意识，居安能够思危，得宠能够思辱，同时，在事业开始之初不要畏惧困难。

生活中，危机总是如影随形的，做一个有远见的智者是十分必要的。无论目前自己的发展状况有多么稳定，都不能排除潜在的威胁和隐患。但是如果过分纠结于如何趋利避害，因为喜忧而情绪生活皆出现波动，甚至反过来影响人们做出正常正确的判断，这就得不偿失了。人有预判能力却不能完全改变事物发展规律，此时不妨调整自己的内心，用内心智慧形成足够强大的影响力，而不是被外界所影响。

以我转物，把握快乐的主动权

原文

以我转物者，得固不喜，失亦不忧，大地尽属逍遥；以物役我者，逆固生憎，顺亦生爱，一毫便生缠缚。

意译

由我来把握和主宰事物，那么得到也不会欣喜，失去也没有忧愁，这样感觉到整个人生都逍遥自在；让事物来控制奴役我，那么不顺利时会恼恨，顺利时又会喜欢，一点微小的事就能把自己束缚住。

清心智慧

一位名人在书中写道：“你如果以挑剔的心态、灰色的心态去看待人生，就会觉得人生真是千疮百孔，一无是处；如果你以平常的心态、超然的心态去看待，就觉得一切苦难和幸福都很正常；如果以审美的心态、艺术的眼光去看待，你就觉得所有经历都是一笔财富。人生就是一场大戏：丰富、完美而滋润。”

如此看来，我们人生中快乐的主动权、命运的掌控权，完全把握在自己手中。只要不把得失看得过重，不要总是把这些不快乐挂在心上，那么，生活中就会充满快乐。相反，人生不如意十之八九，悲喜得失自然是常有之事，如果因此怨天尤人，被坏情绪所影响，那么，即便是本来应该幸福的一天也会因为坏心情而变糟。因此，得失之余保持最平和的状态永远是修行甚至是保命的第一要义。

沈万三，明初江南首富。

洪武三年，沈万三输粮京师，明太祖亲自召见，故其名噪一时。明太祖修建南京城，他捐了大量资财。

《明史·马皇后传》记载：“吴兴富民沈秀者，助筑都城三分之一，又请犒军。帝怒曰：‘匹夫犒天子之军，此乱民也，宜诛之。’后曰：‘其富敌国，民自不详。不详之民，天将灾之，陛下何诛焉？’”

而沈万三最终的结局果真是因其富可敌国，成为皇家心腹大患，而家产被抄，全家更是被发配到云南。一夜之间，沈万三一家从高高的云端摔落到泥泞洼地。

俗话说：何妨得意，不可忘形。意思是不管遇到多么让人得意兴奋的美事，都要保持平和状态，不能忘乎所以！故事中的沈万三虽富可敌国，却一味地得意忘形，自己所谓的快乐之举却成为他人的心腹大患，自然会落得家破人亡的悲惨境地。得意不可忘形，同样，失意也不能忘形。道理极简单，在失意忘形者的身后，也会有苦痛接踵而至！

最典型的例子就是《水浒传》里的宋江。因为失意，因为功不成名不就，他独自一人来到江洲的酒楼，借酒浇愁，结果醉后兴起，居然题反诗于墙上，被官府捉住。试想，如果他坦然点儿，失意而不失形更不忘形，何来此难！

由此，可以知道，保持平常心态，不因悲喜得失而做出极端情绪化行为，不仅能得以自保，还能使人耳聪目明，看到别人的优势，看到自己的不足。一个拥有平常心态的人，偶有所得、偶有成就，也绝不会夸张地宣扬，因为他知道他的所得和成就，和过去别人的所得和成就比较起来太渺小，太微不足道。只有这样积极、谦逊的人，才能在一个成功上铸就另一个新的成功。

我国唐代大诗人杜甫也曾说：“文章千古事，得失寸心知。”这句话的意思是说，文章是传之千古的大事，成败得失只有自己知道。对我们的人生来说，成败得失与烦恼快乐随时都会伴随着我们。不论人生得意的时候，还是失意的时候，我们都应当以乐观的心态来对待，这样才能在得意之时保持淡然，在失意之时保持坦然。只有始终以一颗平常心来对待生活，才能离幸福快乐最近，我们的人生才能活出境界。

其实，人要有所得，必然会有所失，只有当我们看淡得失，愿意舍弃一些东西的时候，才能得到更多。的确，是得是失，关键是看人们如何把握自己的内心，把握自己的人生。如果能够淡看得失，不过于挂心，那么，我们就会发现，人生会更有意义，我们的品格也会更加厚重，快乐也会更加丰满。

不为世俗之宠辱神伤

原文

我贵而人奉之，奉此峨冠大带也；我贱而人侮之，侮此布衣草履也。然则原非奉我，我胡为喜？原非侮我，我胡为怒？

意译

我富贵了人们就敬重我，敬重的是我穿着的华丽威严的官服；我贫穷了人们就轻视我，轻视的是我穿着的布衣和草鞋。人们原本敬重的是官服而不是我本人，我有什么可高兴的呢？人们原本轻视的是布衣草鞋而不是我，我有什么可恼怒的呢？

清心智慧

对于人际间的炎凉冷热，的确需要超然态度才行。外界如此复杂无情，人们一定要强大自己的内心才能完美化解压力。人都是光身空手进入尘世，假如能悟出这个道理，就会进入人我两空的境界，对于世态变迁就会看得淡漠了。

其实，人去埋怨别人趋炎附势，也正说明自己名利之心未泯；有的人为陷入人际间的矛盾而苦恼，其本质是名利思想在作怪。抱着名利之心居官位，那么官位会成为众矢之的；抱着名利之心享富贵，那么富贵会成为烦恼之源。如果自己陷于名利场而不能自拔，以为名利非我莫属，那么期望越高，失望会越大。

生命中处处有烦恼。殊不知，在人生的道路上，看似是幸福但每个人却在不断地积累着令自己烦恼的东西，包括名誉、地位、财富、人际关系、知识、事业等。这些东西常常压得人们喘不过气来，使人们失去了原本应该享受的乐趣，徒增许多无谓的烦恼。获得颇多时受人尊重，一无所有时被人抛弃的结局想必不会是任何一个人想要的，所以，正常追求生活质量的人们最好做好这方面的心理准备，避免因为此等世俗之事而神伤。

王冕，元末著名画家和文学家。他淡泊名利，清介自守，品德高贵如寒梅，一直受到人们的推崇。

王冕童年非常清寒。父亲派他去放牛，他却偷偷地跑进附近的学舍，静听学生读书。直到傍晚，才发觉牛已经跑得无影无踪了。父亲气得用鞭子狠狠抽打他，可就是不管用。

母亲劝父亲："既然王冕这样喜欢读书，为什么不让他去可以读书的地方呢？"父亲同意了，于是王冕到了寺院里干活。白天劳动，夜晚就着长明灯读书。会稽有个叫韩性的人见此感动不已，就收他当弟子。王冕经过勤奋学习，"遂成通儒"。韩性死后，王冕"应举不中"，就北游燕都，做客于秘书卿泰不华家。

泰不华非常赏识王冕，见此场景，很多乌合之众也有攀附王冕之意。

从北方归来后，王冕常说："天下将乱。"于是，就拖儿带妻隐居在九里山中。他在房屋四周种上千株梅花，自称为"梅花屋主"。王冕的《墨梅》云："我家洗砚池头树，朵朵花开淡墨痕。不要人夸颜色好，只留清气满乾坤。"这无疑是安贫乐道思想的集中表现。物自有物，我自有我，是真潇洒的滋味了。

王冕画梅花非常出色，求画者络绎不绝。官府多次征召他当官，他坚辞不受，甘愿在清贫的生活中享受无穷的乐趣。

王冕不为富贵所动，坚守贫寒，在书画领域独辟天地，乐趣无穷。因为他深知人生自有其乐趣，并不需要一味依靠物质，将财富看得过于重要，不停止地追逐，即使财富到手，也会失去生活的幸福。更何况，自己一时富贵受人追捧，但他日落魄，还不知如何被人嫌弃呢！富贵人的华服与贫穷者的草鞋到底有什么区别？人们看重富贵只是羡慕富贵人家外在的表象，尊敬的不一定是富贵者本人，而贫寒者虽然贫寒，也可像王冕这样另辟天地得一乐趣。

当一个人能做到这一点时，也就能将外在的出身、家世、钱财、生死、容貌都看得很淡，就能够达到精神的超脱、洒脱的境界。自己身份尊贵时懂得收敛锋芒、低调处世；他人地位尊贵时自己也不攀龙附凤、阿谀奉承。看到他人落难能施以援手，凡事皆以正直的胸怀为导向，只有这样才能获得超越世俗的境界。

处患难而不忧，遇权豪而不惧

原文

君子处患难而不忧，当宴游而惕虑；遇权豪而不惧，对茕独而惊心。

意译

有能力和德行的君子哪怕面临困难的环境也不会忧虑，而在安乐宴饮时却知道警惕；遇到有权势或蛮横的人并不害怕，而对那些年老无助的人却很同情。

清心智慧

修养深厚、品德高尚的人不同于凡人的地方首先在于他们有较强的意志力，不为外物所扰而坚持好的品性。所谓贫富是身外的境遇，君子处患难而不忧，是因为他们具有安贫乐道的精神。而且，他们在享乐安然的环境中能保持清醒，忧患意识强，故能防微杜渐。他们有高深的追求并能够领悟人生，故不屑权势更不惧权势。能让他们动心的是贫苦无助之人，他们会予以同情，加以救助。

在面对世间万物的时候，不会因为一时的成功而窃窃自喜，也不会因为一时的失意而委靡不振，这种喜怒不扰的高尚品质值得我们学习，而苏轼恰好就是这样一位智者。

62 岁的苏轼被朝廷贬到海南时，天空正下着绵绵细雨，斜风吹打在身上，透出一丝凄凉。虽然居陋室，食粗饭，但苏轼并不以为苦，倒是经常和当地士绅百姓共叙桑麻乐事。他也不以文豪自居，入乡随俗，身披当地衣冠，走街串巷，享受难得的快慰。

一次，苏轼来到一座山头，惹来一个黎山樵夫的善意笑声。虽然语言不通，但樵夫也看得出，苏轼是一个身居山林的贵人，出于对他的好感，慷慨地送了他一匹布，好让他抵御寒冷的海风。

他和周围的邻居关系也非常融洽，左邻右舍常送饭食给他。当人们听他说起往事的时候，苏轼的脸上总是乐呵呵的，并没有伤感怅然之色，笑称“昔日富贵，一场春梦”。

而事实上，苏东坡在海南的谪居生活是十分困顿的。岭南天气卑湿，地气蒸溽，而海南为甚，这对年老的苏东坡来说，无疑是难以适应的。但是苏轼去世前自题画像却将贬官黄州、惠州、儋州看成是自己的平生功业。

苏轼对苦难并非无动于衷，而是以一种全新的人生姿态来对待接踵而至的不幸，不以苦为苦。明理者往往不会被一事一物所纠缠，而是胸怀宽广，淡泊自守，虽然生活在恶劣环境中也不会忧心忡忡，安乐悠闲时却会居安思危；遇到豪强权贵不会畏惧，但是遇到孤苦无依的人却具有同情心。他们与常人的处世差别在于他们意志坚强，能够处变不惊、居安思危、不畏权势，扶危济困。

德行高尚的君子不仅身处逆境而不忧、笑对苦难，而且能够不畏权势，同情弱小。伟大的爱国诗人屈原亦是如此。他虽然出身于贵族之家，却能够体恤到普通百姓的艰辛，竭尽全力帮助他们，同时，为了国家安危，他又敢于和恶势力做斗争，哪怕是以牺牲性命为代价。

屈原在幼年时期就有悲天悯人的情怀。当时正逢连年饥荒，屈原家乡的百姓们吃不饱穿不暖，时有沿街乞讨、啃树皮、食埃土者，幼小的屈原见之不禁伤心落泪。

一天，屈原家门前的大石头缝里突然流出了雪白的大米，百姓们见状，纷纷拿来碗瓢、布袋接米，将米背回了家。

不久，屈原的父亲便发现家中粮仓里的大米越来越少，他很奇怪。有一天夜里，他发现屈原正从粮仓里往外背米，便将屈原叫住，一问才知道原来是屈原把家里的米灌进石缝里。

乡亲们知道了真相都很感动，纷纷夸赞屈原。父亲没有责备屈原，只是对他说："咱家的米救不了多少穷人，如果你长大后做官，把百姓管理好，天下的穷人不就有饭吃了吗？"

自此屈原勤奋学习。成人后楚王得知他很有才能，便召他为官，管理国家大事。他为国为民尽心尽力，为后世之人所称颂。

"事不关己，高高挂起"的说法让很多人对不关自身的事毫不在意；而一件很微小的事情如果与己相关，人们就会全身心地关注它。屈原的伟大之处就在于，他能够设身处地地为他人着想，以他人之苦为苦。

真正的君子对待自己的荣辱得失能够淡定从容，不以物喜、不以己悲；而面对他人的苦难时却难以心安，因为他们总是胸怀天下、心系苍生；面对权贵更是不卑不亢，始终如一。每个人的一生都不可能一帆风顺，风平浪静之时人们应当居安思危，风浪来袭时也应处变不惊，风吹雨打时从容淡定，风和日丽时对天地人事充满怜惜之情，这样人生之船才能够行得长远。

味淡声稀处，识心体之本然

——淡泊明志的智慧

饮宴作乐、重名好利皆非君子

原文

饮宴之乐多，不是个好人家；声华之习胜，不是个好士子；名位之念重，不是个好臣士。

意译

经常举行宴会饮酒作乐的，不会是个正派的人家；喜欢声色奢华的人，不是个正人君子；对于名声地位非常看重的，不是个好臣子。

清心智慧

孔子说：“君子食无求饱，居无求安，敏于事而慎于言，就有道而正焉，可谓好学也已。”“士志于道，而耻恶衣恶食者，未足与议也。”意在告诉我们，一个有志于学业，有为于未来的人，过于贪图享乐，太过看重名位是难以有所成就的。人的品性修养要在各个方面体现出来，不论是读书求知、居官从政，还是日常生活，如果只为追求私欲私心，必然有损于集体，有损于公德，其最终结果是败坏自己的形象。而热衷于饮宴声乐之辈，必然轻浮；一门心思在名利场钻营者，定然不会为民造福、坚持正确的原则。

明朝名臣于谦在没有调入京城前，一直担任地方官。他为官清廉，对下属的各级官员要求都十分严格，坚决禁止他们收受贿赂、贪赃枉法，他自己更是以身作则来弘扬良好风气。

正统年间，宦官王振专权，他作威作福，以权谋私，肆无忌惮地招权纳贿。每逢朝会，各地官僚为了讨好他，多献以珠宝白银。

而于谦每次进京奏事，总是不带任何礼品。他的同僚劝他说："你虽然不献金宝、不攀求权贵，也应该带一些著名土特产如线香、蘑菇、手帕等物，送点儿人情呀！否则，人家会对你有看法，还会找你的麻烦的。"

于谦潇洒一笑，甩了甩他的两只袖子，风趣地说："只有清风！我当官是为国为民，不是为了某一个人。只要认真做事，又何须担心他人。"

为此他曾作过一首《入京诗》以明志："绢帕蘑菇与线香，本资民用反为殃。清风两袖朝天去，免得闾阎话短长。"绢帕、蘑菇、线香都是他任职之地的特产。于谦在诗中说，这类东西本是供人民享用的，只因官吏征调搜刮，反而成了百姓的祸殃了。他在诗中表明了自己的态度：我进京什么也不带，只有两袖清风。

于谦的"两袖清风朝天去，免得闾阎话短长"是一种潇洒，同时也是一种不向名利低头的气节。与那些攀结权贵的人比较来看，于谦身在如染缸的官场，却不为浮华名利所动、洁身自好实在难能可贵。

在孔子看来，这样的人，精神穿越大山无阻碍，潜入深渊也不会被水沾湿，处于卑微地位不会感到狼狈不堪。声华名利不过是过眼烟云，过于执着，只能让人迷失自我，最终为其所役。淡泊自守，潇洒从容地对待，反而会有意外的惊喜与收获。

在现代，为官也好，做普通百姓也罢，即便不为青史留名，也要让自己问心无愧。无论是独处还是交友，我们都应该以崇尚道德的心态去严格要求自己，做到“慎独”，将淡泊和自持看作是一种境界、一种修养、一种对自我的约束。

正如司马光在《资治通鉴》中所提到的那样，“由俭入奢易，由奢入俭难”。当我们的一只脚亲近了宴饮、浮华、名利中的任何一个，我们就有可能踏入“浑流”之中，如果不及早抽身就有可能走入绝境。所以，时刻警惕着，让自己远离狐朋狗友的吃喝玩乐，贪图新奇贵物，以便清清白白、无所负累地活在这个世界上。

心地干净，将学问用在正道

心地干净，方可读书学古。不然，见一善行窃以济私，闻一善言假以覆短，是又藉寇兵而赍盗粮矣。

心中有一方净土，能够做到纯洁无瑕的人，才能够研读诗书，学习圣贤的美德。如果不是这样的话，看见一个好的行为就偷偷地用来满足自己的私欲，听到一句好的话就借以掩盖自己的缺点，这种行为便成了向敌人资助武器和向盗贼赠送粮食了。

清心智慧

其实，人们常说的德才兼备和“心地干净，方可读书学古”这个道理有相通的地方。一个心地纯洁、品德高尚的人有了学问，可以修身、齐家、治国、平天下，对人类社会有所贡献。一个心术不正的人有了学问，却会利用学问去做各种危害人的事，现代人所说的“经济犯罪”和“智慧犯罪”等，就属于其具体表现。这些人会以自己的学问为武器，在社会上无恶不作。有的以君子的姿态好话说尽却坏事做绝，有的甚至为了一己私利而做出祸国殃民的勾当，所以做学问必须立身正才行。

在现实生活中，有些人花着国家紧张的经费出洋留学，可一旦学业有成，便黄鹤不返；更有甚者竟以所学来害人。所以古人讲立身修德在今天仍有实际意义，用现在的话讲，做学问的同时，还必须培养良好的思想品德才行。有学问的人未必就是利于社会、益于大众的人，要看学问在什么人的手里，要看其品德如何。

但很多人都自认为聪明，可以骗得了天下人，其实，人的智慧相差无几，那点小小的伎俩是不可能瞒得了其他人的。因此，一个人在这个社会上生存，不要总以势利世故之心待人做事，更不要使用一些手腕希冀自己能够“瞒天过海”，否则到最后受害的还是自己。

其实生命就像一个沙漏，而道德就像沙漏中间那个卡壳。在沙漏的上半部，有成千上万的沙子。它们在流过中间那条细缝时，都是平均而且缓慢的，除非弄坏它，否则谁都没办法让很多沙粒同时通过那条窄缝。人，也如同沙漏，每天我们都有新的东西要学习，有不同的事等着我们去做，但是我们必须受制于这个瓶颈，否则流沙就会失于美，沙漏指示时间就会出错。这就是所谓的“沙漏法则”。

所以生活中，我们不妨常常告诫自己：做人当懂得奉行这种“沙漏哲学”。一个人在社会上面对生活的诱惑久了，心中免不了受到环境的浸染，充满机心，这时候我们要做的不是放弃道德操守，而是在受制中沉淀，沉淀时间、沉淀涵养，也沉淀愈久弥香的知识，避免让机心污染知识。

人的心灵能否因为知识的灌入而丰盈，关键在于心灵本身干净与否。一个人如若在这个过程中失去操守，可能一时痛快，却要经受长期的心灵煎熬。所以，当人们决心学习某种知识技能时，首先需要端正好心态，保持心灵的无功利性：看见一个好的行为就见贤思齐，而不是利用别人的善行满足自己的私欲；听到一句赞扬的话，先想想我们的修为是否配得上它，如果配不上就说自己受之有愧，如果能配上就大方接受。其次，为学过程中，我们还要学会分辨人心的真假，避免自己被人利用，助纣为虐。只有这样，我们学到的知识才能用在正道上，自己也才会逐渐地成长为正派的人。

志从淡泊来，智者从不随波逐流

原文

藜口苋肠者，多冰清玉洁；衮衣玉食者，甘婢膝奴颜。盖志以澹泊明，而节从肥甘丧也。

意译

能够忍受得了粗茶淡饭的人，大多具有冰清玉洁的高尚情操；追求锦衣玉食的人，多甘受奴颜婢膝的屈辱。所以从淡泊名利中可以看得出高尚的志向，而节操会在贪图物质享受中丧失。

清心智慧

贪图物质享受的人，生活容易陷于糜烂，精神生活空虚，也难有高尚的品德，因此他们为了能得到更加舒适的享受，不惜用卑劣手段去钻营，甚至于卑躬屈膝，人格丧失殆尽。现实社会中那些贪赃枉法、以权谋私、腐化堕落的人多是以满足物质需求为犯罪动机。

人人都有追求较好物质生活的权利，但“君子爱财，取之有道”。即使是身在贫困的家庭，也不能和其他人一样，一味地去追名逐利。雷锋曾说过：“生活上向低标准看齐，工作上向高标准看齐。”说明人要有理想，有追求，不能以贪图享受、满足物欲作为最大需求，不能玩物丧志，成为社会的寄生虫。因此，我们要保持正派的修养，不随波逐流，即便是物质条件不够丰富也不能放弃志向的培养。

邴原是三国时代魏国的著名学者。他不但学识渊博，而且不计名利得失，注重道德修养，因此深受人们尊敬。但是他少年时却经历了很多苦难和磨砺，原来邴原幼时就成为孤儿，生活非常清苦，没有条件求学读书。

有一天，学馆先生正在上课，窗外忽然传来哭泣之声。先生感到奇怪，到教室外一瞧，见邴原蹲在教室的窗下偷偷地抹眼泪。

先生走过去问他伤心哭泣的原因。

邴原以袖拭泪，停止啼哭，向先生诉苦说：“我家离学馆很近，每天我听到学生的读书声，羡慕不已，非常想和他们一样每天上学读书，但我孤苦伶仃，无钱交学费。每每想到这些，我就极为难过，这次便情不自禁地哭了。”

先生深受感动，破例让邴原免费就读。邴原的学业成绩出乎老师意料，仅在一个冬天便熟练背诵了《论语》和《孝经》两部著作。

学馆的学业修完后，邴原又到处游学，准备遍访天下学者名流。在安丘，他拜访了著名学者孙崧，孙崧告诉邴原，他的家乡北海有一位学者叫郑君，很有学识，劝邴原向他求学。

邴原说：“我熟知郑君，也仰慕他的学识，但却不想当他的学生。正像有人喜欢攀山采玉，有的人喜欢探海取珠一样，人各有志，不可强求。”孙崧被邴原的这番话所打动，不仅收他为徒，还送给他许多珍贵书籍。十年未满，邴原学业有成，成为当时的著名学者，便返回家乡，许多青年人千里迢迢慕名而来求教于他。

邴原虽然出身贫寒，但在淡泊中矢志读书，刻意求学，清苦的生活恰恰磨炼了他的意志。他乐于在学业之中不断探奇寻胜，终于成为一方名家，恰应了“梅花香自苦寒来”的真旨趣。正如《陋室铭》中说的：“山不在高，有仙则名。水不在深，有龙则灵。斯是陋室，惟吾德馨。”粗茶淡饭，茅屋破牖，虽然贫寒，但却会因为屋主的高雅志趣和淡泊心境而显露自由真纯的境界。

人们说，“心安茅屋稳，性定菜根香”，因为心无旁骛，才觅得真正的潇洒和富有。而渴望钟鼎玉食的人，往往因为急功近利心切而卑躬屈膝，失去平步青云的机会。所以真正的高人不奴颜婢膝地放弃人格去捞取一官半职，虽享尽荣华，却说不定命送人家刀下。那些青史留名的道德典范，虽然不是个个都官位显赫，财权双收，但都有着廉洁奉公、以节俭为乐的品德。可见，贫穷和富贵是相对的，而节俭的品德和淡泊的精神是二者的置换器。

在道德的栖守和物质的追求中，生活的智者会毫不犹豫地选择前者。简朴的生活是一种集约的古典，淡泊的心境是一种明智的放达。前者让我们在贫困的境况中练就忍耐坚强的品格；后者不仅让我们面对粗茶淡饭也能自得其乐，还能让我们在优厚的物质诱惑面前不卑不亢、冷静坚守。

无论是富有的成功人士，还是苦苦奋斗打拼着的普通人，懂得在诱惑面前不放低精神的标杆，在窘境的考验下注重心境和环境的调节，自会在富有中活出淡泊，在穷困中觅得满足。

真廉无廉名，真巧无巧术

原文

真廉无廉名，立名者正所以为贪；大巧无巧术，用术者乃所以为拙。

意译

一个真正廉洁的人不与人争名，反而建立不起廉洁之名，那些到处树立名望的人，正是因为贪图虚名才这样做。一个真正聪明的人不炫耀自己的才华，所以看上去反而很笨拙，那些卖弄自己聪明智慧的人，正是为了掩饰自己的愚蠢才这样做。

清心智慧

生活中，人们对喜欢耍小聪明的人很讨厌，对欺世盗名之辈更是深恶痛绝。毕竟为了博取人们的赞颂而不择手段，虽然可以名噪一时，却欺骗不了历史。所以一个真正廉洁的人，由于他廉洁的动机不在于让人歌颂，自然也就不会廉名远播。一个有大智慧的人绝不会靠卖弄小聪明、炫耀才华来提高身价。

想做点事业的人，应该认清真廉之名，以防被伪君子和耍小聪明的人所迷惑。

从前，有一个书生，因为像晋人车胤那样借萤火夜读，在乡里出了名，乡里的人都十分敬仰他的所作所为。

一天早晨，有个人慕名而来，想要亲自拜访他并向他求教一些问题。可是这位书生的家人告诉拜访者，说书生不在家，已经出门了。

来拜访的人十分不解地问："哪里有人为学一个通宵在夜里借萤火读书，而清晨大好的时光不读书却去干别的杂事？这不是为学的道理。"

家人如实地回答说："没有其他原因，主要是因为要捕萤，所以一大早出去了，到黄昏的时候就会回来。"

前来拜访的人大失所望，原来闻名乡里的人不过是一个为得虚名而本末倒置的人。后来这个事传开了，这个书生遭到了乡人的奚落。

这个故事读来令人啼笑皆非。车胤夜读是真用功、真求知，而这个虚伪书生的刻苦不过是一种沽名钓誉的虚伪行为。放着大好时光出门捕萤，黄昏再回来装模作样地表演一番，完全是本末倒置，"名"是有了，但时间一长肯定会露出马脚。靠一时的投机哗众取宠，这样的"名"往往很短暂，如过眼云烟，很快会被世人遗忘。

另外，虚名会使人失去自我，使人丧失尊严，更危险的是贪慕虚名可能让对手有机可乘，到时受到的伤害就不可估量了。每个人都应该客观地看待自己，做事情量力而行，踏踏实实做事。

有一位武术大师隐居于山林中却名扬在外。有个人千里迢迢来找他，想跟他学些武术方面的窍门。

当这个人到达深山的时候，发现大师正从山谷里挑水回来。大师挑得不多，两只木桶里水都没有装满。按此人的想象，大师应该能够挑很大的桶，而且挑得满满的，便问："大师，这是什么道理？"

大师说："挑水之道并不在于挑多，而在于挑得够用。一味贪多，适得其反。水洒了，岂不是还得回头重打一桶吗？膝盖破了，走路艰难，岂不是比刚才挑得还少吗？"大师说着，就让他看了看自己的木桶。原来，桶里画了一条线。

大师说："这条线是底线，水绝对不能高于这条线，高于这条线就超过了自己的能力和需要。起初还需要画一条线，挑的次数多了以后就不用看那条线了，凭感觉就知道是多是少。这条线可以提醒我们，凡事要尽力而为，也要量力而行。"

世间常有不根据自己的底线做事的人，以至于做戏求名，他们表面风光，一旦做起事情来，就露出马脚，让别人笑话不说，还会失去别人的信任。所以《菜根谭》才有"真廉无廉名，大巧无巧术"之言。当一个人能很好地认清自己的能力和处境并据此认真做事时，才能更好地改变现状，否则自己只能独尝恶果。

因此，这个世界上有好名声的人，在做事之前完全不想以自己的所作所为赢得别人的赞誉，只不过是依照自己的价值观念、道德标准在做自己认为应该做的事罢了。无声名，亦无功利，便是莫大的声名，莫大的功利。所以，先哲说"至人无己，神人无功，圣人无名"。贪慕虚名、急功近利者往往名誉很差；沽名钓誉、无所不为的人往往得不到真正的快乐。

不昧己心，学会为别人造福

原文

不昧己心，不尽人情，不竭物力。三者可以为天地立心，为生民立命，为子孙造福。

意译

不违背自己的良心，不做绝情绝义的事，不浪费物资财力。做到这三点就可以为天地树立善良的心性，为万民创造命脉，为子子孙孙造福。

清心智慧

古圣先贤有“内圣外王”之说，这也就是“先成己而后才能成物”的人生哲学。假如一个人连“不昧己心，不尽人情，不竭物力”的起码修养功夫都不具备，就谈不上“为天地立心，为生民立命，为往圣继绝学，为万世开太平”的大业。

以古人此论推而广之，一个要在事业上有所作为的人，必须从自我修养做起，而自己修养的根本就是遵循良知，做事不仅仅为自己着想。从宏观来讲，甚至是以自己的能力保证社会的安定，人际的和谐，人类的幸福。

北宋著名理学家张载，为后世留下了许多宝贵的精神遗产，其中包括他的四句名言，即“为天地立心，为生民立命，为往圣继绝学，为万世开太平”。如何“为天地立心，为生民立命”？《菜根谭》告诉我们，要“不昧己心，不尽人情，不竭物力”。对普通人来说是如此，对欲成大事者来说，则更是如此。

为官从政，造福于民，是古代读书人所秉承的至高无上的原则。他们在遇到事情的时候，往往都是先为别人着想，倾全力去利人，而很少顾及自己的得失。前燕时期的封裕就是这样的人。

公元345年，燕王下令：贫苦农民可以借耕牛来耕种国家的土地，秋后将收成的五分之四上缴国家，自己有耕牛而租种国家土地的人，必须上缴十分之七的收成作为租税。

记室参军封裕深知百姓疾苦，上书说：“上古时收税只占收成的十分之一，是值得拥护的，后来赋税加重，租种的官田，租税也不过收十分之六或一半，您定的租税太重了。自永嘉丧乱以来，百姓流离失所，您的先辈注重安抚百姓，各族人民都像赤子一样投奔到我们这里来，人口暴增，这些人中大约有十分之四的人没有土地。自您继位以来，农民又有所增加，您让这些百姓耕种官田，没有耕牛的您又借给耕牛，这些决策都无比英明。但实际上不应该收太重的租税，那样百姓才能真心拥戴您。另外，我们应当修复后赵石虎统治时期许多遭破坏的水利设施，使之旱能浇，涝能排，这样才有可能使百姓得到真正的安顿。”

燕王说：“封记室及时为我敲响了警钟。百姓是国家的根本，粮食又是百姓的根本。为了国家的安定，我决定把官田租给无地的贫苦农民耕种，免收税役，特别贫困的人，国家无偿借给耕牛，家中条件较好，又愿意租国家耕牛的农户，可按魏晋旧法，以收成的十分之六作为租税。”

封裕不畏燕王的权势，坦诚直谏，仗义执言，既不违背常理，又表达了自己的心意，站在穷苦百姓的角度思考，更为了国家稳定长久的治理提出建议，自然能得到燕王的理解。为民立命，为子孙造福，封裕此举，使他为民所敬仰。

在古代的中国，像封裕这样的人有很多，扬州八怪之一的郑板桥正是其中的一个。郑板桥虽然主要以擅画兰竹和一手好文章闻名于世，但他在为政期间也是一心为百姓着想、为生民立命，把百姓的福祉放在心间，不顾个人得失利害，去保全百姓的利益。

郑板桥曾任县令的山东潍县曾经是个多灾多难的地方，经常发生水灾、旱灾。他刚到任时，正遇上潍县发生水灾，十室九空，饿殍满地。郑板桥据实上报，请求朝廷开仓赈灾，可朝廷迟迟不准。

在危急时刻，郑板桥毅然开仓放粮，他说：“不能等了，救命要紧。朝廷若有怪罪，就惩办我一个人好了。”由于及时放粮，灾民免于饿死。

在救济百姓的时候，郑板桥得罪了一些富户，特别是在整顿盐务时，更是触动了富商大贾的私利。后来，潍县又发生大灾，郑板桥申报朝廷赈灾，上司怒其多次冒犯，又加上听信谗言，于是不但不准，反给他记大过处分，将其罢官，削职为民。

离开潍县时，百姓倾城相送。郑板桥为官十多年，并无私藏，只是雇三头毛驴，一头自骑，另外两头分驮图书和行李，由一个差丁引路，凄凉地向老家走去。临别时他为当地人民画竹题诗：“乌纱掷去不为官，囊囊萧萧两袖寒。写取一枝清瘦枝，秋风江上作鱼竿。”

郑板桥虽然擅画兰竹，文采斐然，但他从不以自己的才情作为晋升的手段，也不以此卖弄，而是一心一意为民谋福利，为生民立命，“衙斋卧听萧萧竹，疑是民间疾苦声”，正是他这份心情的写照。他的可贵之处，在于他能够把别人的疾苦装在心中；他的无私之处，在于他能够不计一己之利，而时时刻刻为别人考虑，遵循良知，保持善心，培养正气。

现实生活中，即使人们现在还不能造福一方，也可以从身边的点点滴滴做起。美德不是什么虚幻的东西，就是让我们要懂得为别人着想。只要我们时刻不忘为他人考虑，就已经开始向美德靠近了。

德怨两忘，恩仇俱泯

原文

怨因德彰，故使人德我，不若德怨之两忘；仇因恩立，故使人知恩，不若恩仇之俱泯。

意译

一切怨恨都会由于行善而更加明显，所以行善与其要人赞美，还不如把赞美和埋怨两件事都忘掉；仇恨会由恩惠产生，因而与其施恩而希望人家感恩图报，还不如把恩惠与仇恨两者都彻底消除。

清心智慧

恩仇德怨是相对的，在一定条件下可以相互转化，人们都知道“由爱生恨”“由恩变仇”的道理。所以不想让人怨恨自己，最好的办法就是不让他人感念自己的恩德。但一个人立身处世，不能像不倒翁那样没有原则。

历史上杀身成仁的事很多，这些人即使已有美名，有丰功伟业，大义当前，仍毫不犹豫舍身而殉。耶稣冤死在十字架上，苏格拉底死在毒杯下。可见大丈夫做人做事只要俯仰无愧，世俗小人与邪恶之徒的怨恨非议是不足计较的。所以做事要从大处着眼，恩仇德怨也要从全局来看，不能限于某人某事而论长短。

一位画家在集市上卖画，不远处，前呼后拥地走来一位大臣的孩子，这位大臣在年轻时曾经把画家的父亲欺诈得心碎而死。这孩子在画家的作品前流连忘返，并且选中了一幅，画家却匆匆用一块布把它遮盖住，并声称这幅画不卖。

从此以后，这孩子因为心病而变得憔悴。最后，他父亲出面了，表示愿意出一笔高价买这幅画。可是，画家宁愿把这幅画挂在自己画室的墙上，也不愿意出售。他阴沉着脸坐在画前，自言自语地说：“这就是我的报复。”

每天早晨，画家都要画一幅他信奉的神像，这是他表示信仰的唯一方式。可是现在，他觉得这些神像与他以前画的神像日渐相异。这使他苦恼不已，他不停地找原因。突然有一天，他惊恐地丢下手中的画，跳了起来：他刚画好的神像的眼睛，竟然是那大臣的眼睛，而嘴唇也是那么酷似。

他把画撕碎，并且高喊："我的报复已经回报到我自己的头上来了！"

由此可见，报复会把一个好端端的人驱向疯狂的边缘，使他的心灵不能得到片刻安宁。要克服这种情况，唯有宽容，才能抚慰人烦躁的心绪，弥补不幸对人的伤害，让人不再纠缠于心灵毒蛇的咬噬中，从而获得自由。

我们常常在自己的脑子里预设了一些规定，以为别人应该有什么样的行为，如果对方违反规定就会引起我们的怨恨。其实，因为别人对我们的"规定"置之不理就感到怨恨，是一件十分可笑的事。大多数人都以为，只要我们不原谅对方，就可以让对方得到一些教训，也就是说：只要我不原谅你，你就没有好日子过。

而实际上，不原谅别人，表面上是那人痛苦，其实真正倒霉的却是自己，因为不肯宽容会导致愤恨和沮丧，愤恨首先破坏的是你自己的健康。而要改变这种局面，唯有不在意我们给人的恩德，不去对抗别人给我们的仇怨，自然会拥有人生的豁达和生活的和谐。

在生活中，与人相处难免会有摩擦，有时候甚至会因为利益问题而彼此抱怨、仇恨、出卖。这个时候，只有领悟了此番道理，我们才能真正地不被烦恼所侵扰，不为仇恨所伤害。生活像流水一样在流动，会带来很多恩惠，也会带走很多仇怨，对此抱着理性的心态，静观这些来来去去，自然也就了解了"德怨两忘""恩仇俱泯"的为人处世之道。

第八章

横逆困穷，身心交益

——成志立业的智慧

穷愁寥落也不可轻易自我废弛

原文

贫家净扫地，贫女净梳头，景色虽不艳丽，气度自是风雅。士君子一当穷愁寥落，奈何辄自废弛哉!

意译

贫穷的人家要经常把地扫得干干净净，穷人的女儿要把头梳得整整齐齐，虽然没有艳丽奢华的陈设和美丽的装饰，却有一种自然朴实的风雅。有才之君子，怎能一遇穷困忧愁或者际遇不佳、受到冷落，就自暴自弃呢!

清心智慧

贫与富只是一种不同的外界因素，不管受到怎样的环境影响，家贫家富都应保持精神上的超越，人的气质品性不完全是外界物质条件所能决定的。贫穷人家虽然身居茅屋草舍，但是如果能把屋里屋外打扫得干干净净，也会使精神愉快，培养出清雅气象。一个人生长在贫穷人家，所穿的虽然都是粗布衣裳，但是如果衣冠整洁仪态大方，精神充实，举止有度，自然也能增加高雅气质。

可是却有一些修养不够的人，认为自己的不如意皆因家贫所致，所以就怨天尤人，遇到挫折就垂头丧气、委靡不振。毫无疑问，如此牢骚满腹，失去包容奋进的心态，终将一事无成。

孔子有一个叫原宪的弟子。他出身贫寒，但个性狷介，一生安贫乐道，不肯与世俗合流。就连老师孔子要给他九百斛的俸禄，他都推辞不要。

原宪在孔子死后，隐居卫国，生活极为清苦。他的居所是一间一丈见方的房子，虽说是房子，但却极为简陋：茅草做房顶，桑枝为门框，蓬草遮蔽即为门，破瓮竖立即是窗，破布张挂就将狭小的空间一分为二。而且只要天下雨,此屋便滴水成河。然而就是在这样的环境中，原宪仍可端坐弹琴，诵读诗书。

有一天，子贡骑着大马，穿着白衣紫衫前来拜访原宪，但是原宪家住的地方巷子实在太小太窄，以至于容不下子贡的马车，于是子贡只得徒步来到原宪家门前。只见原宪戴顶破帽子，穿着破鞋，倚着藜杖在门口应答。

子贡不由惊呼："先生得了什么病吗？为何如此狼狈？"

原宪不以为然地说："我听说，没有钱叫作贫，有学识却不会实践叫作病，现在我是贫，不是病。"

听完原宪的话，子贡面露愧色，逃之夭夭。而原宪则拄着藜杖唱起了歌，声满天地，若出金石。

其实，真正的穷困不在外物，而在于内心。子贡自以为是地认为原宪因病而潦倒，却不知真正有智慧才学的人不会因贫穷而身心俱疲的。一个德业和事业失衡的人，既不能从高层次看待贫困的问题，也忍受不了贫困的生活，当然也就不能理解那些善于忍受贫困、操守不改的人。

不同的人对于贫穷的看法不同，标准不同，忍受贫穷的能力也不同。根据人们对于贫穷的态度和看法，世间的贫穷大致可以分为三类。其一，有些人是不得不居于贫困，苦熬贫困，所以觉得贫困是可怕的，这是着眼于物质生活的贫困。其二，有些人是甘居贫困，是借贫困的环境来磨炼自己的意志，这是自觉地忍受贫困。其三，有些人不仅注重自己的物质享受，还看重自己的精神修养，认为精神贫困比物质贫困更可怕，因而面对物质贫困时，能够做到积极地忍受。

其实，古人安贫乐道的生活智慧蕴含着对当下世人的忠告：人贫而心不穷,便不是真正的贫穷。一个人物质上贫穷并不可怕，但一定不要使自己的心理贫穷，心理贫穷才是真正的可悲。安贫乐道的人也并非不思进取，而是深谙快乐生活之道，这样的人往往脱离生活的羁绊，活出人生的豁达，贫穷便成为某种意义上的富有。

即便没有谁愿意甘受贫穷，但贫穷这个瘟神，并不会因为怜惜辛苦劳作者而远离。面对这样强劲的对手，如果被打败，或者为了脱贫不择手段都不是明智的做法，都不过是变相地贪恋富贵的表现。因为，如果一个人精神上贫穷，说明他的生活已失去了意义和动力。这样的人即使家财万贯，也不会有快乐的生活。

思胜我者，精神自奋

原文

事稍拂逆，便思不如我的人，则怨尤自消；心稍怠荒，便思胜似我的人，则精神自奋。

意译

处理事情遇到不顺心的时候，就想想那些境遇不如自己的人，那么心中的怨恨之心会很快消失；心中一出现懒怠松懈的念头，就想想那些比自己强的人，精神就会振奋起来。

清心智慧

一个人的成功并不会从天而降，必须经过自己一点一点地努力去创造。孟子说过："天将降大任于斯人也，必先苦其心志，劳其筋骨……"才华是刀刃，刻苦是磨刀石。要想使自己日后能处世不畏难，必须有勤奋刻苦精神，因为只有刻苦才能成就事业。

立业的道路是艰辛的，没有什么捷径可走。要想出类拔萃，无论到哪里，都要勤学苦练。古今中外，凡立志成才的人，都必须面对种种考验，其中很多人求索一生，最终才取得成功。试想一下，如果没有居里夫人在十分简陋的工棚中艰苦卓绝地实干，哪儿有镭的发现？如果没有达尔文27年的心血和汗水，哪儿有他的《物种起源》？在人类文明史上，一切辉煌的成果，一切伟大的事业都是刻苦、实干的产物。人的一生是短暂的，成功和失败仅仅是暂时的，唯有执着的追求精神才是永恒的，人们的一分付出、一分努力终究是会有一分收获的。

然而在现实生活中，很多人不改变急于求成的心态，只幻想着有一天成功立业，却不脚踏实地地去做一些事情，更别说勤奋刻苦了，这样的人最终会一事无成。因此，只有我们改变态度，刻苦地追求自己的事业，才有可能取得成功。

隋唐时期的李密是一个读书十分勤奋的人。他曾经在隋炀帝杨广的手下做过侍卫，但是，杨广并不喜欢他，于是就将他辞退了。他并没有为此感到灰心丧气，而是为自己能够有更多时间读书而感到愉快。此后，他专心学习，称病辞客，每天都早起晚睡，研读专著，一日不曾停歇。

有一次，他听说在缑山（位于河南偃师）有一位名叫包恺的饱学之士，就打算去拜访。但李密觉得此去路途遥远，会耽误自己的读书时间。于是，为了争分夺秒地学习，他就找了一头老黄牛，在牛角上挂上了一部《汉书》，而自己就坐在牛背上，一边看书一边牵着缰绳往前走。

这种情景正好被当时路过的宰相杨素看到了，他感叹道："天下间竟然有行路时还能勤奋读书的人啊！"此后，李密便和杨素成为忘年之交，同时也成为杨素儿子的智囊。这个故事也就和"凿壁借光""囊萤照读"一类勉励人勤奋的事迹一样千古流传。

走向成功，不仅需要有化逆境为顺境的智慧，还需要有坚持不懈的勤奋。勤奋是成功之母，所有成功的事业无不是脚踏实地、艰苦登攀的结果。“业精于勤荒于嬉，行成于思毁于随”，勤奋可以使普通人取得成功；而怠惰则能让天才一事无成。

司马光小时候是一个贪玩贪睡的孩子，经常因为懒惰受到先生的责备和同伴的嘲笑，于是他决定强迫自己改掉这个坏毛病。为了让自己早起，小司马光尝试了各种办法。起初，他在睡觉之前喝很多水，希望早上能被憋醒，结果却尿了床。司马光吸取了教训，又想到一个办法，他用圆木头做了一个木枕，每天早上翻身的时候，头滑落在床板上，自然就被惊醒了。司马光以后就用这个方法督促自己早起读书。时间一天天地过去了，司马光终于改掉了懒惰的坏习惯，他的勤奋和坚持不懈使他成为北宋著名的政治家、史学家和文学家。

只有勤奋才是通往成功的捷径，怠惰者必将一事无成。司马光后来的成就与他坚持不懈的努力是分不开的。古代思想家荀子讲：“骐骥一跃，不能十步；驽马十驾，功在不舍；锲而舍之，朽木不折；锲而不舍，金石可镂。”的确，坚持和勤奋是成功的前提。

逝者如斯夫，不舍昼夜。人的一生只有短短几十年的光景。同样的时间和生命，有人用来缅怀过去，有人用来享受现在。而坚强勇敢的人们，不管自己处于顺境还是逆境，都应该高扬起勤奋的风帆，以无所畏惧的姿态去迎接风浪，面对挑战，让自己的人生在奋起中走向成功。

只要工夫深，绳锯木断水滴石穿

原文

绳锯木断，水滴石穿，学道者须加力索；水到渠成，瓜熟蒂落，得道者一任天机。

意译

用细绳可以锯断树木，水滴可以将石头滴出小洞，研学道义的人应该努力去探索；水流之处自然形成沟渠，瓜果熟透时自会落下，想要悟得真理的人，须完全听任自然。

清心智慧

中国有句俗话："世上无难事，只怕有心人。"一位哲人也这样说过："成功的船只，只能航行于坚持的海洋。"大诗人李白之所以成为"诗仙"，是受了铁杵磨成针的启发，懂得了只有日复一日、年复一年地积累与坚持，才能乘风破浪；达·芬奇学画从画蛋开始，看起来相似的蛋他竟能画出另一番韵味来，这不光靠天资，更重要的是恒心。

但是，在现实生活中，坚持，一个再简单不过的词汇，却也是一个鲜有人能达到的标准。做一个开始的决定，总是很容易。但当事情逐渐地发展下去时，人们会发现越来越多的问题出现了：没有时间、外界干扰、条件不允许等，人们开始找一个又一个的理由，为自己没有恒心来辩解。

继而，很多人开始动摇，开始心存疑惑：我真的能做完这件事吗？接着开始气馁、灰心丧气，随后便是退缩与放弃，成功就此夭折。因此，面对诸多阻挠与困难，我们要坚持不懈地继续下去，跨越一个又一个障碍，最终迎来期望中的成功。

学者梁实秋曾断断续续用三十余年的时间独自完成了《莎士比亚全集》的翻译工作，投入了几乎半生的精力。

开始，梁实秋共物色了五个人担任翻译，他和闻一多、徐志摩、陈西滢、叶公超，计划五年至十年完成。后来，另外四人临时退出，梁实秋便一个人把任务承担下来。

人生遭遇是任何人都难以预料的，梁实秋在抗战爆发前完成八部莎翁剧作的翻译工作。"七七事变"后，为了躲避日寇的通缉，他不得不逃离北京，在极其艰苦的环境下，继续进行对莎翁剧作的翻译。抗战胜利后，梁实秋回到北京，在北京师范大学任教，课余时间，他依然坚持莎翁剧作翻译工作。1967 年，由梁实秋独立翻译的莎士比亚 37 种作品的中文译本全部出齐，在国内学界引起了轰动。梁实秋回忆说："我翻译莎氏，没有什么报酬可言，穷年累月，其间也很少得到鼓励……"

穿越历史的时光，我们可以看到曾令无数人为之倾倒的一代"书圣"王羲之，当年学书，数年如一日，废寝忘食，兢兢业业，每日做完练习便到池塘边洗笔，笔墨竟染黑了整个池塘的水，这就是今天我们所说的典故元素"墨池"，其中又饱含了一代书圣多少超人的毅力与坚定。其子王献之，承继家风，用笔写干了十七缸水，成为又一大书法家，与其父并称为“二王”。王家的风采，离不开他们不懈坚持的恒心，离不开那种不怕苦、不怕累的精神。

很多时候，其实成功并没有想象中的那么遥远。大戏剧家莎士比亚说：“千万人的失败，都失败在做事不彻底；往往做到离成功还差一步,便终止不做了。”这样的失败,无疑很令人扼腕。其实，我们与成功只是一步之遥，这一步便是坚持不懈、锲而不舍。

珍惜现在是对过去和未来最好的尊重

原文

图未就之功，不如保已成之业；悔既往之失，不如防将来之非。

意译

与其去谋划没有把握完成的事业，不如将精力用来保持已经完成的事业；与其去追悔过去的失误，不如将精力用来防止再发生错误。

人生无常，很多事情都不是我们能预料的，所以，人们所能做的只是把握当下，舍不得过去，等不到永远，唯有认真活在当下。当一切变成黑暗，后面的来路，与前面的去路，都看不见，如同前世与来生，都摸不着。我们要做的唯有看脚下，看今生，珍惜当下的生活。

可以说，人的一生其实只有三天：昨天、今天、明天。昨天已逝，明天未至，而我们要面对的只有今天。古人云“明日复明日，明日何其多”，说的也正是这个道理。既然我们不能决定以后的事业会有怎样的发展，就应该把握好现在，守住已成的事业，过好当下的生活。一个人如果不懂得珍惜今天，又怎么能谈得上珍惜生命呢？

“今天”与“生命”聊天，“生命”问了一句：“过得怎么样？”

“今天”答道：“到现在为止，今天是我最好的一天！”

“生命”仿佛为“今天”的答案感到吃惊。

“你最好的一天？”“生命”用一种惊诧的口气重新问道。

“是的。”他迅速且充满信心地回答。

“生命”又问了一遍：“你确定吗？”

“是的。”他再一次确认。

“今天”能感觉到“生命”并不相信他讲的是真话。当然，他知道“生命”相不相信并不重要，重要的是他自己相信。

“生命”问他：“你怎么能说今天是到现在为止，你最好的一天呢？你结婚那天呢？难道不比今天更好吗？”

他答道："我一直而且将永远记得我结婚那天，我的妻子是多么快乐。我也记得第一个孩子出生的情景。我还记得在甜品店喝奶昔，意识到自己还能做事。我记得给一只眼睛看不见的小鸭子喂食的那天。我也记得我和儿子一起爬上奥林匹亚山，欣赏这美丽的世界。我一直记得当我看见刚刚犁过的、黑色的、潮湿的、肥沃的泥土，等着我们播种、收获的那天。

"我还记得在学年手册上读到学校里最传统的女孩写的评语，说我是高年级最好的男孩子。我还记得有个女孩对我说她尊重我，而我告诉自己，我也尊重自己。我记得那天船长公正地对待我。我记得海军军官说我不能参军，而母亲仁慈地告诉我说还有希望。我也记得其他两万多个美好的日子，每一天都成就了现在的生活。那些天里，一定有许多天可以排在我好日子列表的前面，但没有一天是最好的一天，它们中的任何一天都只能排第二。"

有人算过这样一笔账：假如人能活 70 岁，而每天睡觉 8 小时，那么 70 年会睡掉 204400 小时，合 8517 天，为 23 年零 4 个月。如此算来，人还剩下 46 年零 8 个月的时间。此外，闲聊、看病等时间，再加上退休后不工作的时间，约合 36 年零 2 个月。这样，一个人活到 70 岁，真正只有 10 年零 6 个月的时间可以用来做些事。精打细算下来，我们的人生并不长。生命过一天少一天，面对自己日渐减少的生命，谁又能无动于衷呢？

的确，每一个今天都是最好的一天。李大钊说过一句话："我认为世间最宝贵的是'今'，最易失去的也是'今'。"每过一个今天，我们生命就会减少一天。珍惜今天，就是珍惜生命。

世界上有三种人：第一种人只会回忆过去，在回忆的过程中体验感伤；第二种人只会空想未来，在空想的过程中不务正事；只有第三种人注重现在，脚踏实地，慢慢积累，一步一步踏踏实实地走向未来。我们是做故事中的双面神还是做第三种人，都由我们自己来把握。

凡事皆有规律，世界上有很多事情是无法提前的。脚踏实地地把握好今天，才是最正确的人生态度。人生其实不需要过多地期待明天,因为明天毕竟还有许多个说不清的未知数。明天，不知道周围的环境会发生什么，怎么变化，其中的光景是恍恍惚惚的，叫人难以领略、难以感悟、难以捉摸。如果一个人一味地期待明天，那么就会在无意中浪费今天，舍弃今天，错失珍贵的机缘，使今天的美好时光在漫不经心中白白度过。

艰难困境是锻炼英雄的熔炉

横逆困穷，是锻炼豪杰的一副炉锤。能受其锻炼，则身心交益；不受其锻炼，则身心交损。

意译

突然遭遇到的灾难和穷困窘迫的境遇是锻炼英雄豪杰

的熔炉。能够经受这种锻炼，那么身体和头脑都会得到好处；承受不了这种锻炼，那么对身体和头脑来说都是一种损害。

没有经过一番忧患对于人生并不是好事，尤其是青年人刚刚进入社会，对未来充满美好的憧憬，雄心万丈，壮志凌云。可人生的路往往是多起多伏的，不如意事常八九，是靠自己的意志克服困难，还是像以前那样去寻找父母的庇护，或者一蹶不振，所以，此刻真可谓是人生的三岔口，不一样的选择将会造就不一样的人生。如果不经过一番艰苦磨炼，将来不但很难给自己创造光明前途，也很难为国家社会肩负起艰巨任务。

古人云：“忧危启圣智，厄穷见人杰。”温室的花是经不起风雨的。不论是惊天动地的大事业，还是谋求生计的小手艺，固然条条大道通罗马，但每条路都是坎坷不平的，都要在刻苦的磨炼中战胜外来的艰难险阻，克服内心的消沉意志才可能成功。一个能在横逆中挺起胸膛的人才算英雄好汉，一个在困苦中倒下去的人就是凡夫俗子。身心的锻炼要有不屈的追求、坚强的意志为前提。

杜甫是中国文坛一座难以攀登的高峰，他用一生谱写了一部悲壮的历史。当强大的唐朝走向衰弱的时候，他却在历史长河中，成了人间苦难的首席歌者，唱出了历经动乱后的悲凉之音。

作为一个胸怀大志的才子，杜甫可谓生不逢时。“安史之乱”的浩劫打破了唐王朝繁华盛世的局面，也打碎了杜甫心中的美好蓝图，从此他走上了一条与残酷现实抗争的荆棘之路。困守长安达十年之久而无所作为，他的理想之火不灭；遭受幼子饿死之痛，一家老小甚至沦为难民，他也没有放弃信念；被叛军俘虏，沦为阶下囚，他还是对国家忠心耿耿。直到大历五年，在一个非常寒冷的冬日，一叶行在潭州到岳阳江面上的孤舟，带走了诗人 59 岁的生命。

作为一位历尽磨难的诗人，杜甫一生漂泊，他游历了国家的大好河山，也看尽了百姓生活中的痛苦，从而写出了“三吏”“三别”这样忧国忧民、脍炙人口的诗篇。杜甫虽生不逢时，劳作一生而不得心愿，但他依然心忧天下，为天下苍生而奔走。这种身在饥寒之中而心忧天下的可贵品质贯穿其一生，这种至高至洁的伟大人格让人感动，“历千万祀，与天壤而同久，共三光而永光”。

俗话说：“宝剑锋从磨砺出，梅花香自苦寒来。”任何伟业都不是一蹴而就的，不经历一番风霜苦，哪得梅花扑鼻香？任何人在人生中取得的成就，都是不畏艰险，一点一滴积累起来的。远大的理想与眼光，再加上点滴的积累和百折不挠的精神，为成功奠定了基石。

人生皆有苦难，苦难成就人生。面对人生苦难，我们唯一能做的是微笑面对。这需要一种宽容、博大的心胸，一种坦然、顶天立地的从容。昂起高贵的头，扬起意志的风帆，迎着风雨远航。哪怕风儿报以残枝败叶的萧瑟，雨儿报以举步维艰的迷茫，皆愿以一种强者的风范，一种藐视万难的气度面对人生苦难。任何逆境和困厄都能锻炼人们的意志力，能使人的心性更趋坚强与完美。

美好的品德是成就事业的根本

原文

德者事业之基，未有基不固而栋宇坚久者。

意译

美好的品德是一切事业的基础，正如盖房子一样，如果没有坚实的地基，就不可能修建坚固而耐用的房屋。

清心智慧

品德修养是人生迈步前行的基础，一个人没有好的品德，哪怕拥有再广博的学识也不能有益于人，可能还会害人，而且知识越多害人越深，权势越大破坏越广。一个品行不端的人，很难在事业上有所成就，即使荣耀一时，也终究会误国误民，爬得越高会摔得越重。

因此，成功者必须德才兼备。生命本身是美丽的，“充内形外之谓美”。人的美丽可爱，更重要的是取决于他的精神面貌。正如一位哲人所说：“人不是因为美丽而可爱，而是因为可爱而美丽。”一个品德高尚的人，永远是年轻美丽的。德行之美，能由内而外地散发出来，使美丽永驻。

北宋名将狄青和猛士刘易之间有一段这样的故事。

有一年，狄青要出守边塞，他的好朋友韩将军向他推荐了刘易。刘易熟知兵法，善打恶仗，对狄青守卫的那段边境的情况非常熟悉。但是刘易有个嗜好，就是特别爱吃苦荬菜，一顿饭吃不到苦荬菜就会呼天喊地、骂不绝口，甚至还会动手打人，士兵、将领都有点儿怕他。

刘易和狄青一起到边塞后不久，从内地带的苦荬菜很快就吃完了，而边塞又见不到这种野菜。这天，士兵送来的菜里缺少了苦荬菜，刘易便把盛饭菜的器皿扔到地上，并在军营中大闹不止。士兵将此事报告给狄青，狄青听了非常生气。

但是狄青考虑到，如果与刘易发生冲突，不仅破坏了自己与韩将军的关系，还会影响刘易的情绪；但如果放任不管，势必会动摇其他士兵的军心，影响戍边大业。于是，狄青出面好言安抚刘易，并立即派人回内地去买苦荬菜。

一些将领见这种情况，很不服气，刘易何德何能，要骁勇善战的狄将军特意派人去给他弄苦荬菜吃。甚至还有将领想去与刘易比一比武艺，灭一灭刘易的威风。狄将军急忙劝阻众将说："刘易原来不是我的部下，如果你们与他计较，争强斗胜，传出去势必会给敌人以可乘之机。我们现在要加强团结，绝不能争一时之短长。"

这些话传到刘易的耳中，狄将军的理解与顾全大局、宽宏大量令他非常感动。他意识到，在这种情况下，自己不该再给非常忙碌的狄将军添麻烦。过了几天，刘易懊悔地去找狄青，说："狄将军，您治军严整，我在韩将军手下时就有耳闻。这次我因这么点小事就大闹，您不仅不责怪我，还原谅了我，我一定会报答您。”从此，刘易再也没为苦荬菜闹过事，并且逢人便夸狄将军的宽广胸怀。

狄青不仅收服了刘易，而且收服了其他将领、士兵。更重要的是，他在做事情时站在一个高度上，不因小瑕疵而影响大局的风范，值得每个人学习。

狄青和蔼亲切的风度、令人着迷的人格给人留下了美好的印象。可见，成功之道，以德而不以术，以道而不以谋，以礼而不以权。做人的成败与做事的成败是密切相关的。狄青正是精通做人的道理，胸怀大志、心装大事，不追究一些细碎的小事，最终求得事业的成功。

品德是导引一个人行动的航标，拥有良好的品质，我们才不会在人性的丛林中迷失方向。一个执着于追求高尚品格的人，绝不会轻易受到不良心性的影响，做出有损声誉的事情。坚守人格的人，能经得起岁月的考验。美好的品德是成就一切大事业的根本。它能让人获得更多信赖、理解，能得到更多支持与合作。当人的品格被人认可时，人生的大格局便也开启。

凡事过于执着，必失去真正的自我

原文

晴空朗月，何处不可翱翔，而飞蛾独投夜烛；清泉绿草，何物不可饮啄，而鸱鸮偏嗜腐鼠。噫！世之不为飞蛾鸱鸮者，几何人哉！

意译

晴空万里，明月高照之下，哪里的空间不能任意翱翔，而飞蛾却偏偏要在夜间扑向烛火；清泉流水，绿草野果，哪一种东西不能饮食果腹，而鸱鸮却偏偏爱吃死老鼠。唉，世界上能不像飞蛾、鸱鸮那样的人又有几个呢？

清心智慧

人们看飞蛾扑夜烛，鸱鸮食腐肉觉得很奇怪。认为，明知是火坑偏偏向死亡中扑去，明明有鲜美之物却弃而不用的行为甚是让人匪夷所思。

看物容易，看人也同样。由于时代的局限、认识的局限，很多事情在别人看来是牛角尖自己却偏向里面钻；有的事在以后看来是错的、可笑的，当时却毫无顾忌，习以为常。更可叹的是明知有害，如物欲的过度追求，可人们偏偏难以克制私心杂念，纵容欲望。知苦海而不回头，实可悲叹。

马祖道一禅师是南岳怀让禅师的弟子。他出家之前曾随父亲学做簸箕，后来父亲觉得这个行当太没出息，于是把儿子送到怀让禅师那里去学习禅道。在般若寺修行期间，马祖整天盘腿静坐，冥思苦想，希望有一天能够修成正果。

有一次，怀让禅师路过禅房，看见马祖坐在那里面无表情，神情专注，便上前问道："你在这里做什么？"

马祖答道："我在参禅打坐，这样才能修炼成佛。"

怀让禅师静静地听着，没说什么走开了。

第二天早上，马祖吃完斋饭准备回到禅房继续打坐，忽然看见怀让禅师神情专注地坐在井边的石头上磨些什么，他便走过去问道："禅师，您在做什么呀？"

怀让禅师答道："我在磨砖呀。"

马祖又问："磨砖做什么？"

怀让禅师说："我想把他磨成一面镜子。"

马祖一愣，道："这怎么可能呢？砖本身就没有光，即使你磨得再平，它也不会成为镜子的，你不要在这上面浪费时间了。"

怀让禅师说："砖不能磨成镜子，那么静坐又怎么能够成佛呢？"

马祖顿时开悟："弟子愚昧，请师父明示。"

怀让禅师说："譬如马在拉车，如果车不走了，你是用鞭子打车，还是打马？参禅打坐也一样，天天坐禅，能够坐地成佛吗？"

马祖把心念执着于坐禅，所以始终得不到解脱，只有摆脱这种执着，才能有所进步。成佛并非执着索求或者静坐念经就可，必须要身体力行才能有所进步。一开始终日冥思苦想着成佛的马祖，在求佛之时，已经渐渐沦入歧途，偏离了参禅学佛的本意。马祖未能明白成佛的道理，就像他没有明白自己的本心一样，他不了解自己的内心如何与佛同在，所以他犯了“执”的错误。

有时我们明明知道自己已经错了，还是要继续错下去，或是已深陷痛苦之中，却仍然不愿逃离出来。在“不敢”或“不舍”的利益纠葛中逐渐将自己陷于困局。如果明知这条路不适合自己，或明知继续走下去的结果只是枉然，何不立即舍弃而重新开始呢？坚持固然是一种良好的品性，但在有些事上过度地坚持，反而会导致更大浪费。

人生之路有多条，何必将自己逼进死胡同呢？放下对外物的执着，才能让自己进退自如。常言道，天无绝人之路。一扇门被关闭时，另一扇窗会被打开。在人生走到歧路或绝境时，千万不要绝望灰心，因为正有另一条大路向我们展开坦途。

飞蛾扑火会自取灭亡，晴空朗月，心胸豁达，潇洒自如，才是极乐世界；清泉绿草，可以随处品赏，鸱鸮却以吃腐鼠当作乐事，让人悲叹。有时人不必过于执着，应如庄子所言，像婴儿一样，若有若无地自在把握，反而能够将幸福抓住。

第九章

诚心和气，愉色婉言

——齐家育人的智慧

教人毋过高太严，用对方法最重要

原文

攻人之恶，毋太严，要思其堪受；教人以善，毋过高，当使其可从。

意译

批评别人的过错不要太严厉，要顾及别人是否能够承受；教人家做善事，也不要要求过高，要考虑对方是否能够做到，要使其感到力所能及。

清心智慧

儒家在人际关系上最讲究"恕"的观念，"恕"就是宽恕、原谅，并在此基础上考虑对方的才智能力，即能否接受你的教诲或批评。如果对方的接受能力有限，你的批评或教诲实际上就起不到太大作用。当然，"恕"不是无原则的宽容，而是要充分考虑对方的智力和承受力。在现实中，有的人责备别人的过失唯恐不全，抓住别人的缺点便当把柄，处理起来不讲方法不讲效果而图泄一时之愤。而诲人者要么期望太高，要么把自己的意愿强加于人，要么育才心切不顾实际填充别人装不进去的东西，不考虑实际效果，这是责人或教诲时所不足取的。

古人云："人无完人。"世界上任何人都会犯错误。对正处在学习做人的过程中的孩子而言，犯错误更是他们成长的"必修课"。孩子犯错误时，父母首先要有包容的心态。当孩子有了错误时，父母不要用偏激的言语去斥责，而要耐心地与孩子一起分析，帮助孩子认识犯错误的原因以及造成的危害，然后，给孩子改正错误的机会。

另外，在教育孩子时，态度要严肃、语气要平和，摆眼前事实，讲错在何处，不要翻老账、拉三扯四。孩子听烦了，当作耳边风，反而事与愿违达不到教育的目的。此外，家长在平时就应教育孩子明确初步的是非观念，经常告诉他们哪些事能做，哪些事不能做。坚持正面教育，培养孩子的良好习惯。久而久之，孩子犯错也就少了。

中国有句俗语"可怜天下父母心"，父母"望子成龙、望女成凤"的心情每个人都理解，但是教育子女需要讲究方式方法，古人就总结出教育孩子时的"七不责"。

1. 对众不责。在大庭广众之下，不要责备孩子，要在众人面前给孩子以尊严。不要以为孩子小就可以不分场合地进行指责。尊严是孩子培养自信心的重要一部分，损伤了孩子的自尊心，将不利于他的健康成长。

2. 愧悔不责。如果孩子已经为自己的过失感到惭愧后悔了，大人就不要责备孩子了。在生活中很多时候，孩子因为一时不小心做错了事，只要没有危害性大的行为，而他自己也确实意识到自己的错误，并下定决心改正，家长一定要给予包容，这时的宽容和理解会增大孩子改正的决心。

3. 暮夜不责。晚上睡觉前不要责备孩子。此时责备他，孩子带着沮丧失落的情绪上床，要么夜不能寐，要么噩梦连连。现在的孩子课后作业很多，抓紧时间做，也有可能很晚时候还没有完成，这点家长也要注意了，不要再给孩子增加更多其他的压力。

4. 饮食不责。正吃饭的时候不要责备孩子。这个时候责备孩子，很容易导致孩子脾胃虚弱。很多家长喜欢在吃饭时对孩子的一些行为进行指责，岂不知这样做的结果可能是孩子听后丧失了好心情和食欲，或者孩子无法承受而直接起身离开饭桌，把自己关在屋子里面。不管哪一种都是很有害的。

5. 欢庆不责。孩子特别高兴的时候不要责备他。人高兴时，经脉处于畅通的状态，如果此时忽然被责备，经脉就会立马憋住，对孩子的身体伤害很大。

6. 悲忧不责。孩子哭的时候不要责备他。如果是年轻的父母亲，自己心性本来就不定，面对孩子的哭闹会急躁抓狂，结果就有可能不停地责骂，最后大家都不开心，这样很伤感情。

7. 疾病不责。孩子生病的时候不要责备他。生病是人体最脆弱的时候，孩子更需要父母的关爱和温暖，这比任何药物都有疗效。

虽然“爱之深，责之切”的心情可以理解，但是对于上面说的这几点，做父母的一定要注意，对孩子进行教育是一门艺术，也是需要讲究天时地利人和的因素，以最佳最有效率的方式进行。

有过不宜暴怒轻弃，处理家庭关系须方法得当

原文

家人有过，不宜暴怒，不宜轻弃。此事难言，借他事隐讽之；今日不悟，俟来日再警之。如春风解冻，如和气消冰，才是家庭的型范。

意译

家里有人犯了过错，不应该大发脾气，也不应该轻易地放弃不管。如果这件事不好直接说，可以借其他事来提醒暗示，使他知错改正；今天不能使他醒悟，可以过一些时候再耐心劝告。这就像温暖的春风化解大地的冻土，暖和的气候使冰消融一样，是处理家庭琐事的典范。

清心智慧

如果家里的人犯了什么过错，不可以随便大发脾气或乱骂，更不可以用冷漠的态度进行冷战而不理不睬。如果他所犯的错你不好意思直接说，就要假借其他事情来暗示让他改正；如果没办法立刻使他悔悟，就要耐心等待时机再殷殷劝告。因为循循善诱，就好像春天温暖的和风一般，能消除冰天雪地的冬寒，这样充满和气的家庭才算是模范家庭。

人非圣贤，孰能无过？我们的家人也不例外。而且由于时代的变迁、年龄的增长、家庭的变故等种种原因，家庭成员之间出现误会隔膜也是十分正常的事。但是面对错误和隔膜，不同的处理方式会有不同的结果。在众多处理方式中，体谅、和气等美德往往是最能发挥作用的，也最有助于维护家庭关系的和睦。

孔子的七十二贤弟子中，有个叫闵子骞的人。这个人幼年丧母，父亲再娶后，又常受继母忽视和冷落。继母将大部分时间、精力和爱给了自己的两个亲生儿子，而对闵子骞常常冷言冷语，十分偏心。

有一年冬天，继母同时给三个孩子做了新的棉袄。在一个大风雪的日子，他们的父亲带着三个孩子外出。四个人一同坐在牛车上，虽然迎着风雪，但是大家都面露喜色。可是随着赶路的时间越来越长，继母的两个孩子只是感觉到畏寒缩起了脖子，而闵子骞虽然也穿了继母给自己做的新棉袄，却感到寒冷难耐，手脚也渐渐失去了知觉，甚至连扶住牛车栏杆的力量都没有了，最后他跌下了牛车，他的棉袄也在滚动过程中被刮破了。父亲赶忙扶起自己的儿子，却无意中发现了从破洞中飘出的芦苇絮。原来继母在给三个孩子缝棉袄时，给自己孩子的用的是棉花，而给闵子骞的用的则是芦苇絮。

父亲气得暴跳如雷，驱车就往回赶。一进门就喊：“你太歹毒了，做人母亲的怎么可以这么偏心呢？”说着就要把他的妻子往外赶。这时闵子骞却跪在了地上，抱着父亲的腿说：“您就饶了母亲这一次吧。如果母亲走了，就不止我一个人受冻了。”

闵子骞的这番话感动了父亲，也感动了他的继母。从此，继母对他视如己出。

虽然闵子骞受到过继母不公平的待遇，但是关键时刻，他用自己的爱心挽救了已有可能走向破碎的家庭。对重组的家庭来说，体谅和宽容都可以弥合裂缝，更何况是有着血脉联系的家庭呢？

在我们的实际生活中，每个家庭都有自己的问题和苦恼，然而所有的问题和苦恼都不是无法解决的。家庭的和睦需要用心营造，亲人之间的心结也要靠宽容、体谅这些美德来解开。面对家人的过错和误解"不宜暴怒，不宜轻弃"，具体说来可以包括以下三点。

第一，正视家人之间的误会并允许误会的发生。一个误会的发生和解开就意味着清除一个生活的雷区。弃之不顾，则只会给生活埋下隐患。

第二，冷静处理，说话要注意分寸，不要轻易动怒，更不要随便动手，因为那样做只会让误解更深。大家坐下来好好谈一下，试着从对方的角度来想问题，会收效良好。

第三，解决问题，要公正、不偏不倚。用公正严明的态度对待每个人，防止不公平带来的嫉妒甚至是仇恨心理。

陶铸不纯难成器，重视孩子的早期教育

原文

子弟者，大人之胚胎；秀才者，士大夫之胚胎。此时若火力不到，陶铸不纯，他日涉世立朝，终难成个令器。

意译

小孩是大人的雏形，秀才是官吏的雏形。但如果锻炼得不够火候，陶冶得不够精纯，以后走向社会或者在朝做官，就难以成为一个有用的人才。

清心智慧

孩子的心灵是一块神奇的土地，播上思想的种子，就能得到行为的收获；播上行为的种子，就能得到习惯的收获；播上习惯的种子，就能得到品德的收获；播上品德的种子，就能得到命运的收获。加强孩子的品行教育，是孩子健康成长的重要保证。伴随孩子的成长，家长应该始终把塑造美好心灵、陶冶高尚情操、养成良好习惯、培育优秀品质作为教育孩子的重点，对孩子进行全方位的品行教育，尤其是早期的教育。

小孩就是大人的前身，学生就是官吏的前身，假如在这个阶段磨炼不够，也就是教养和学习的成绩不好，那将来踏入社会做事时，就很难成为有用的人才。所以，由小到大、积少成多的道理告诉人们，孩子的早期教育非常重要，甚至有决定未来的根本性作用。

北宋时期，有一个名叫方仲永的人，家里世代都是农民，没有一个文化人。他 5 岁时,还从未见过笔墨纸砚。可是有一天，方仲永突然哭着向家里人要笔墨纸砚，说想写诗。他父亲感到十分惊讶，马上从邻居那里借来笔墨纸砚，方仲永当即写了四句诗。同乡的几个读书人知道了这件事，都跑到方仲永家来看，一致认为他的诗内容深刻、文采华丽。人们纷纷称赞方仲永是一个不可多得的天才。

这件事在乡里流传开后，方仲永家热闹起来，经常有人来家玩，有人当场出题要他作诗，甚至还出钱让他题诗。方仲永的父亲见有利可图，于是放弃了让方仲永上学读书的念头，而是每天带着方仲永轮流拜访县里的那些名流、富人，找机会表现方仲永的作诗天赋，以博得那些人的夸赞和奖励。

由于方仲永没有机会学习，久而久之他的才华就逐渐地消失了。到他 20 岁的时候，他已经和普通人没什么两样了。以往的诗歌才华消失殆尽，毫无优势可言。

大才的成就往往得益于从小的教育，如果小时候锻炼得不够火候，陶冶得不够精纯，等到长大以后再来弥补就已经晚了。所以，为人父母，言传身教一定要趁早，在孩子小的时候就要规范他的一言一行，督促他不断学习，否则错过时机，将后悔莫及。

按照这个思路设想，方仲永在小时候就显露出了过人的才华，如果善加教导，将来一定成就非凡。然而悲剧就在于，他的父母不仅没有重视对其教导，反而以他的才华作为骄傲的资本，导致他荒废学业，一事无成。与方仲永的父母相比，孟子的母亲就明理多了。

少年时期的孟子因贪玩而不好好学习，经常跑到一个离家不远的墓地，做着挖坟埋死人的游戏，有时玩得连饭都忘记吃了。因此，孟母非常焦急，决定为孟子找一个良好的学习环境，然后她挑中了街市附近的一个地方，把家搬到那儿。但是繁华的街市和来往的商人也分散了孟子的注意力，有强烈好奇心的孟子经常学着商人去街上叫卖，完全忘记了读书学习的事。

孟母认识到原来小孩子都有很强的可塑性，“近朱者赤，近墨者黑”，看来此地也不是孩子学习的好地方，于是又打算搬家。最后她把家迁到一所学堂旁边。上学后的孟子，虽然比从前用功，但仍然贪玩好动，对待学业并不十分专心努力，使孟母仍很担忧。

一天孟母正在堂前织布，早早地又见孟子跑回家来了，就马上放下手中的活，问孟子是何原因。背着老师逃学的孟子害怕母亲责备，就撒谎说学堂提前放学。孟母明白真相后很痛心。她拿起剪刀剪断了织布机上的纱线，只坐在一旁默默流泪。

孟子感到非常紧张和害怕，小心地走向前问母亲为什么这样难过。孟母语重心长地说：“要你好好读书以成才，就像是织布，你现在这样经常在中途废学，不求上进，就等于用剪刀剪断纱线织不成布一样。”孟子听了母亲的教诲，深受触动，痛哭流涕，学习勤奋，其志愈坚。由于孟母严加管教，悉心教导，孟子最终学有所成，被人称为“亚圣”。

孩子在小的时候，往往缺乏自知与自制的能力，因此，为人父母就应该尽力给孩子提供一个良好的环境，并严格耐心地教导他。真正有远见的父母一定会充分利用教导孩子的黄金时期，幼时定基，给孩子一个好的起点，为孩子的成才铺平道路。

富贵多炎凉，警惕骨肉相残的悲剧

原文

炎凉之态，富贵更甚于贫贱；妒忌之心，骨肉尤狠于外人。此处若不当以冷肠，御以平气，鲜不日坐烦恼障中矣。

意译

人情冷暖之变化，富贵之家比贫苦人家更明显；嫉妒的心理，在至亲骨肉之间比外人表现得更为严重。面对这种情况，如果不能用冷静的态度予以处理，以平和的心态进行控制，那就很少有人不是天天处在烦恼的困境中了。

清心智慧

人在没有得到一种东西以前，便会以这种东西作为奋斗目标，而一旦有了这种东西便有了利益之争。“共患难易，共富贵难”，富贵之家往往为了争权夺利而父子交兵或兄弟阋墙。汉武帝、武则天、唐太宗等无不曾为了权力而骨肉相残，二十四史中这样的事例随处可见。残暴的隋炀帝，当初已经被册立为太子，可是为了早日当皇帝竟谋杀亲父隋文帝而即位。人往往是有了钱还要更多些，有了权还要更大些，以致生活中终日钻营、处处投机的小人，像苍蝇一样四处飞舞，个人的私欲总处于膨胀状态。面对如此现实，人们的确需要提高修养水平，用理智来战胜私欲物欲，否则亲情不在，富贵不保。

春秋时，郑国郑武公的儿子寤生继位为君，他就是有名的郑庄公。他的母亲姜氏偏爱庄公的弟弟共叔段，便请庄公将京城封给共叔段。公子吕知道后，劝告郑庄公说："京是郑国的都城，俗话说'天无二日，国无二君'，这个地方怎么能封给他呢？请您另外选一块地方封赏。"郑庄公故作无奈说："这是国母的意见，不答应恐怕不行。"

共叔段到达封地京城后，自恃有母后这座大靠山，便开始胡作非为，无所顾忌，根本不把哥哥庄公放在眼里。公子吕看到这种情况后，便敦请庄公发兵讨伐他。庄公说："他的罪恶目前还不显著，这样去讨伐他恐怕还未到时机。暂且再等一段时间，等他多行不义再去讨伐，就名正言顺了。"共叔段这时已准备发动叛乱，郑庄公得知后认为时机已到，高兴地说："现在终于可以除掉这个眼中钉了。"

于是，郑庄公假意去朝见周天子，暗中却调兵遣将。共叔段不知是计，以为天赐良机，便同母后姜氏密谋，乘庄公离开京城之际，趁机发动兵变篡夺君位。正在他们得意的时候，郑庄公早已抄近路发兵攻取京城，并迅速攻占了京城。共叔段见大势已去，只好逃到鄢地避难。郑庄公不依不饶，派兵追杀共叔段，并将母后姜氏也打入冷宫。

血浓于水，可是当利益出现时，郑庄公不仅与弟弟骨肉相残，还将母亲打入冷宫。翻开皇家的历史，子弑父，兄杀弟，为了权力而骨肉相残、猜疑嫉妒、篡权夺国、惨无人道的事例比比皆是。可是这以牺牲亲情为代价换来的权力和富贵，意义又何在呢?

庄子在《徐无鬼》篇中说："钱财不积则贪者忧；权势不尤则夸者悲；势物之徒乐变。"追求钱财的人往往会因钱财积累不多而忧愁，贪心者永不满足；追求地位的人常因职位不够高而暗自悲伤；迷恋权势的人，特别喜欢社会动荡，以求在动乱之中借机扩大自己的权势。而这些人，注定会被烦恼缠身。

权势等同枷锁，富贵有如浮云。生前枉费心千万，死后空持手一双。为何不将富贵平常看待，泰然处之，远离名利纷扰和触目惊心的争斗，给自己的心灵一片可以自由驰骋的广袤天空?

伦常本乎天性，不讲付出不计回报

父慈子孝，兄友弟恭，纵做到极处，俱是合当如此，着不得一丝感激的念头。如施者任德，受者怀恩，便是路人，便成市道矣。

意译

父母对子女们慈爱，子女们对父母孝顺，兄长对弟妹们友爱，弟妹们对兄长敬重，即使是用了全部爱心做到了最完美的境界，也都是理所当然，不能够存有一丝感激的念头。如果互相之间存在有一丝感激和报恩的想法，就是将至亲骨肉之间的关系当作了陌路人来看待，真诚的骨肉之情就会变成一种世俗关系了。

清心智慧

父慈子孝、兄友弟恭完全都是出于人类与生俱来的天性，彼此之间绝对不可以存有一点儿感激的想法。假如家庭成员之间的相亲相爱出于感恩报答的心理，那就等于把出自真诚的骨肉之情变成了一种市井交易。

郯子是周朝人，祖上世代以耕种为生，老实巴交的父母，披星戴月地一年到头苦苦劳作，也只是混个半饥半饱。这年赶上闹灾荒，田里收成不济，日子越发艰难，父母忧急交加，一时心火上攻，双双眼睛失明，这可急坏了小小年纪的郯子。

为了给父母治病，郯子每天半糠半菜地侍奉双亲充饥后，就到处求人，寻医问药。一天，郯子到深山采药，路过一座庙宇，便进去讨口水喝。他见方丈童颜仙骨，就向他请求治疗眼病的方法。老方丈问明缘由，沉吟一下说：“药方倒是有一个，恐怕你采不来。”

“请说，我舍命去采！”

“鹿奶，鹿奶可以治眼疾。”

郯子听了，立即叩头谢过老方丈，飞步赶往鹿群出没的树林中。这里的鹿确实不少，可它们蹄轻身灵，一见有人靠近，就像一阵风似的飞快逃走了。

怎样才能弄来鹿奶呢？郯子绞尽脑汁，昼思夜想。一天，他见村东头猎户家的墙头上晒着一张鹿皮，忽地眼前一亮：把鹿皮借来，披在身上，扮成小鹿的模样，不就能悄悄接近鹿群了吗！于是，郯子迫不及待地走进猎户家，说明来意。好心的猎户欣然把鹿皮借给了他，还指点郯子模仿小鹿四肢跑跳的动作。经过多次演练，郯子竟然能举手投足都像一只活脱脱的小鹿了。

第二天，郯子用嘴叼着一只木碗，悄悄地蹲在树林里。待鹿群走近时，披着鹿皮的郯子像一只小鹿似的不紧不慢地凑到一只母鹿身边，轻手轻脚地挤了满满一木碗鹿奶。直到鹿群走开了，他才站起身来，捧着鹿奶直奔家中。

从那以后，郯子多次用扮成小鹿的办法，去挤母鹿的奶汁。父母由于常常喝到鲜美的鹿奶，营养不良的身体一天天强壮起来，后来，失明的眼睛果然奇迹般地重见光明。

郯子用他的行动证明了他的孝心，谱写了一首美妙的情感之曲。孝悌是人的一种本能。古人讲"求忠臣必于孝子之门"，一个人对父母家庭有真感情，出来为天下国家献身，就一定会有责任感。换言之，忠就是孝的发挥，就是扩充了爱父母的感情，爱别人，爱国家，爱天下。"子之爱亲，命也"，儿女爱父母，这是天性，人不孝其亲，不如禽与兽。兄弟姐妹的关系也如同这父母子女之间的关系一样，是没有什么道理可讲的，互相了解，彼此信任，情同手足。

假如"父慈子孝，兄友弟恭"夹杂有一丁点儿功利的味道于其中，便不再是纯粹的亲情，此时的付出只是希望得到对方的回报，那么至亲的亲人之间同陌生人相比就没有区别，骨肉之情与市面上世俗的交易也没有区别，人与人之间也就少了些纯粹的、真诚的人情味。

当念积累之难，常思倾覆之易

原文

问祖宗之德泽，吾身所享者是，当念其积累之难；问子孙之福祉，吾身所贻者是，要思其倾覆之易。

意译

如果问祖先给我们留下什么恩德，那么我们现在所享受的生活就是，因此应当时时感谢祖先们创造积累的艰辛；如果问子孙后代会享受到什么样的福分，那么只要看我们所留下恩泽的多寡就知道，同时，要考虑到毁坏这些家业是很容易的。

清心智慧

古语云："成由勤俭败由奢。"可见，节俭自古以来就是我们中华民族的传统美德。节俭不仅能让我们积累财富，也能提升个人的品性，更能彰显个人魅力。俗话说："一粥一饭，当思来之不易。"的确，勤俭不仅仅体现在金钱方面，也适用于生活中的每一件事。在操持家务的时候，一定不要铺张浪费，该节省的地方就应当尽量节省，一切以节省为原则，才能为自己的孩子树立榜样，即使富贵之后也能依然这样生活下去。但凡有成就的人士，他们都深谙其中的道理，为后人树立榜样。

季文子出身于三世为相的家庭，是春秋时代鲁国的贵族、著名外交家，为官三十多年。他一生俭朴，以节俭为立身的根本，并且要求家人也过俭朴的生活。他穿衣只求朴素整洁，除了朝服以外没有几件漂亮的衣服，每次外出，所乘坐的马车装饰也极其简单。

见他如此节俭，有个叫仲孙它的人就劝他说："您身为上卿，德高望重，但听说您在家里不准妻妾穿丝绸衣服，也不用粮食喂马。您自己也不注重容貌服饰，这样不是显得太寒酸，让别国的人笑话您吗？这样做也有损我们国家的体面，人家会说鲁国的上卿过的是一种什么样的日子啊。您为什么不改变一下这种生活方式呢？这于己于国都有好处，何乐而不为呢？"

季文子听后淡然一笑，严肃地对那人说："我也希望把家里布置得豪华典雅，但是看看我们国家的百姓，还有许多人吃着粗糙得难以下咽的食物，穿着破旧不堪的衣服，还有人正在受冻挨饿。想到这些，我怎能忍心去为自己添置家产呢？如果平民百姓都粗茶敝衣，而我却妆扮妻妾，精养良马，这哪里还有为官的良心！况且，我听说一个国家的强盛与光荣，只能通过臣民的高洁品行表现出来，并不是以他们拥有美艳的妻妾和良骥骏马来评定的。既然如此，我又怎能接受你的建议？"一席话说得仲孙它满脸羞愧之色，同时也使得他内心对季文子更加敬重。

此后，仲孙它也效仿季文子，十分注重生活的简朴，妻妾只穿用普通布料做成的衣服，家里的马匹也只是用谷糠、杂草来喂养。

通过上述故事我们可以知道，勤俭持家对一个人来说是多么重要。纵观人类历史，家业兴衰的内在规律往往是：勤则兴，懒则败。这正如曾国藩在家书中告诫子弟时说的那样："历览有国有家之兴，皆由克勤克俭所致。"他还说："即令世运艰屯，而一家之中，勤则兴，懒则败。"如果子孙后代精神懈怠，不勤不俭，万千家业，也会在朝夕间倾覆。历代的开国皇帝大多懂得"打江山难，守江山更难"的道理，所以他们更能懂得勤俭持家对于一个国家的重要性。

宋朝的开国皇帝赵匡胤即便身居万人之上的至尊之位，仍然生活俭朴，反对奢侈，还严格教育子女在生活上讲究俭朴。

有一次，他的女儿魏国长公主，穿着一件翠羽绣饰的华丽短袄去见他。宋太祖见了很不高兴，严厉地斥责女儿后命令她立即回去改换朴素的衣服，并禁止公主以后再穿如此贵重的衣服。

魏国长公主很不理解，噘着嘴巴说："宫里翠羽很多，我是公主，一件短袄只用了一点点。有什么要紧？"

宋太祖严厉地说："正因为你是公主，所以才不能恣意享用。你想想，身为公主，穿了华丽的衣服到处炫耀，别人就会仿效。全国不知道要浪费多少钱财在昂贵的翠羽上。按照你现在所处的地位和生活，本应该以身作则、十分珍惜才对，你怎么能身在福中不知福还带头铺张浪费呢？"

公主无言以对，只好脱去那件美丽的翠羽短袄，但耿耿于怀，便想找个话茬儿试探自己的父亲。她想：您既然是皇上，又是我父亲，对我要求那么严格，看您对自己要求怎么样？于是，她向宋太祖试探性地问："父皇，您做皇帝时间也不短了，进进出出老是坐那一顶旧轿子，和您的至高无上的地位很不协调，不如用黄金装饰装饰！"

宋太祖对女儿的这番话颇感无奈，但仍然心平气和地说："我是一国之主，掌握着全国的政权和经济，要把整个皇宫装饰起来都轻而易举，更何况只是一顶轿子！但古人说得好：'让一人治理天下，不能让天下人供奉一人。'倘若我自己带头奢侈，必然有更多人学我的样子。到那时，天下的老百姓就会怨恨我，反对我。你说我能带这个头吗？"

公主一边听着，一边琢磨着每一句话，再看看皇宫里的装饰也很朴素，连许多窗帘都是用青布制作的。公主觉得父亲说的话确实有道理，于是就诚心诚意地向父亲叩头谢恩。

一个国家的千秋万代离不开节俭，一个家族要想让事业永续发展，也必须懂得勤俭的重要性。

在现实生活中，大多数人没有那么多家产需要传承。但是，无论钱多钱少，权轻权重，我们都要把勤俭持家的美德告诉给下一代，并在生活中以身作则，言传身教。让他们懂得今天的生活凝聚了长辈们的辛勤劳作，对别人的劳动成果不珍惜，就是不负责任。同时也要嘱咐他们把这种教诲传给他们的下一代。世世代代传下去，家业无论大小总会得到延续。

诚心和气是家庭幸福之源

原文

家庭有个真佛，日用有种真道，人能诚心和气，愉色婉言，使父母兄弟间形骸两释、意气交流，胜于调息观心万倍矣！

意译

家里应该有一个真诚的信仰，日常生活中应该遵循一个真正的原则，人与人之间就能心平气和，坦诚相见，彼此能以愉快的态度和温和的言辞相待，于是父母兄弟之间感情融洽，没有隔阂，意气相投，这比起坐禅调息、观心内省要强万倍。

清心智慧

任何家庭都应该有一种真诚的信仰。一个人如果能保持纯真的心性，言谈举止自然温和愉快，就能与父母兄弟相处得很融洽，这比用静坐调护身心还要好上千万倍。

俗话说，家和万事兴。大至国家之强盛，社会之祥和，小至个人生活之幸福，事业之兴旺，身体之健康，均有赖和谐的家庭为基础。在家庭中，要懂得知恩、感恩，“不看别人好不好，只管自己对不对”，对父母来说，“不管子女孝不孝，但看自己慈不慈”；对子女来说，“不管父母慈不慈，但看自己孝不孝”，只有这样的家庭才能幸福。

晋代的许允结婚那天，带着新婚的喜悦和期待进入洞房。因为很多人都对自己的新娘赞不绝口，所以在许允的想象中，妻子一定美若天仙。可是，烛光下许允看到的新娘并不美，甚至有点儿丑。失望至极的许允默默地站了一会儿，便转身准备离开洞房。

新娘看到新婚丈夫要离开，急忙拉住他的衣襟说：“新婚之夜,你就不高兴。这是怎么回事儿呢？”许允闷闷不乐地说：“你知道什么样的妻子是好妻子吗？”新娘见丈夫一直用脊背对着自己，心有领会，便说：“古人说贤妻的标准是孝顺公婆、尊重丈夫、说话和气、干活利索，而且长得容貌姣好。我自知自己容貌一般，但是前几样我想我都能做到。容颜是天生的，我没法改变，可在其他方面我可以做得更好以弥补先天的不足。”见许允仍不作声,她又说,“别人都夸赞你读书读得很好,那我问你，一个读书人应有的好品德，你有哪几种呢？”

许允哼了一声，也不看她一眼，说：“我全都具备。”“你都具备？”新娘微微一笑说：“据我所知，读书人的基本品德之一就是以德论人而不要以貌取人，妄下断论。看人要看品德，而你却没有做到，这不是重貌轻德吗？这样，你还可以说自己具备所有好品德吗？”

“这……这……”许允面红耳赤，答不出话来。

许允的妻子是贤惠的，她面对丈夫的不敬依然平静宽容，和颜悦色，坦诚地表达自己的品德观，从而感动了丈夫。经过一段时间的共同生活和逐渐深入的了解，许允发现妻子确实很有见识，也很有才干，便由衷地敬重她，与她成为一对和睦的伴侣。

许允的妻子劝诫丈夫的坦诚之心，不仅是一个家庭和睦的方法准则，还是一个人拥有融洽的人际关系的必要条件。其实生活中，和许允遇到的情况相近的问题是经常出现的，比如代沟隔阂、兄妹误解甚至为了家产对簿公堂。这时，如果我们像最初的许允一样冷眼以对、恶语伤人，只会让问题更加恶化。相比之下，双方坦诚相待，心平气和地解决遇到的问题，才是有益于冰释前嫌的明智之举。

人的一生会经历很多意想不到的波折，这些已经让我们应接不暇了，如果我们的避风港再起波澜，谁还能给我们安慰呢？如果家庭果然需要有个真佛，生活需要有种真道的话，那么一个和、一个诚必然当之无愧。和气待人、互相尊重、以诚待人的准则直到现在仍是值得人们恪守的。

种田地须除草艾，教导孩子谨慎交友

原文

教育弟子如养闺女，最要严出入、谨交游。若一接近匪人，是清净田中下一不净的种子，便终身难植嘉禾矣！

意译

教育弟子就好像养闺中的女儿一样，最重要的是严格管理其生活起居，注意他所结交的朋友。一旦让他结交了品行不端的朋友，就好像在肥沃的土地中，播下了一颗不良的种子，这样一来，就永远也种不出好的庄稼了。

清心智慧

林肯曾说过："从某种意义上说，你选择了什么样的朋友，便选择了什么样的人生。"俗话说"近朱者赤，近墨者黑"，"近贤则聪，近愚则聩"。的确，一个人选择什么样的朋友，会对自己的思想、品德、情操、学识都有很大影响。看到品质卑劣的人，就一定不要与他们交往，因为他们只会让人心胸狭隘、自私自利。所以，家长在孩子交朋友的问题上要高度重视，帮孩子选择朋友时，要看清世人的好与坏，善与恶，让孩子的人生受到正面影响。

当然，“水至清则无鱼，人至察则无徒”。家长也要以这样的理念教导孩子：对待朋友也不能求全责备。因为自己本来也是不完美的，再说世界上也没有完美的人。

管仲与鲍叔牙的故事无人不知、无人不晓。两人的交往便是良性循环互相帮助提高的一种朋友关系。

在管仲二十几岁的时候，就结识了鲍叔牙，刚开始的时候，两个人为了维持生计，就合伙做生意。但是因为管仲家境贫寒，所以他出资少一些，鲍叔牙则出资多一些。生意做得还不错，可是有人发现管仲用挣的钱先还了自己欠的一些债，这钱还没等入账就被花了。更可气的是到年底分红时，鲍叔牙分给他一半的红利，他也就接受了。

鲍叔牙手下的人看到这种情况，都非常生气，其中有个人对鲍叔牙说：“本来管仲出资少，平时他开销又大，年底还照样和您平分效益，显然他是个十分贪财的人。要是我是管仲的话，一定不会厚着脸皮接受这些钱的。”

可是鲍叔牙却没有听从手下人说的话，反而还把他们责备了一番，说：“你们就没有发现管仲的家里十分困难吗？他比我更需要钱。我和他合伙做生意就是想要帮帮他，我情愿这样做。此事你们以后不要再提了。”

后来两个人又一起充了军，更是相依为命。有一次齐国和邻国开战，双方军队展开了一场大的战斗，冲锋的时候管仲总是躲在最后，跑得很慢，而退兵的时候，管仲飞一样地奔跑。其他士兵都耻笑他，说他贪生怕死。领兵的将领还打算杀掉管仲，用他的头来吓唬那些贪生怕死的士兵。

关键时刻，已当上了军官的鲍叔牙又站了出来，他替管仲辩护道：管仲的为人我是最了解不过了，他家有八十多岁的老母亲无人照顾，他不能不忍辱含羞地活着以尽孝道，管仲听了鲍叔牙的这番话，感动得流下了热泪，他哭诉道："生我的是父母，而了解我管仲的，唯有鲍叔牙啊！"

每个人的生活中都不能缺少朋友，但并非朋友越多越好。交友要有所选择，取精华，去糟粕。鲍叔牙正是因为相信和尊重管仲的人品，才与他成为朋友。在成长过程中，倘若孩子与那些比自己聪明、优秀的人交往，或多或少会受到感染和鼓舞，同时能够改掉缺点和不足，从而促进自身的成长。

总而言之，交友有一个选择的过程，学会选择可以相信的朋友至关重要。交友有君子之交和小人之交的差别，二者的区别在于"同道"还是"同利"。小人之交因为是为了私利而互相勾结，所以见利就争先，利尽就交疏。要经常告诉孩子，这样的朋友是假朋友，或者只是暂时的朋友。

用人不宜刻，交友不宜滥

——待人交友的智慧

交友须带三分侠气，做人要存一点素心

原文

交友须带三分侠气，做人要存一点素心。

意译

交朋友要有几分侠肝义胆的气概，为人处世要保留一种赤子的情怀。

清心智慧

朋友往来不可只重视饮宴谈笑的交际应酬，应重视道义，重视患难相助的侠义精神，锄强扶弱不为暴力所屈，进而做到心心相印。假如交友本着互相利用的态度,那就违背了交友之道。交友做人还应该保持一颗纯洁的赤子之心。行善济世，关心社会而不只是一味独善其身。人始终应该保持一颗纯洁之心，与志向一致、心灵相通、有侠肝义胆之人一起为社会服务。

范仲淹在泰州当官的时候，结识了当时年仅二十岁的富弼。初次见面范仲淹就为富弼的才华所折服，对他大为欣赏，认为他有王佐之才，并借机把他的文章推荐给当时的宰相晏殊，还替他做媒，让他做了晏殊的女婿。

几年以后，山东一带多有兵变，有些州县的长官为了明哲保身，不仅不抵抗乱兵侵扰，还开门延纳，送礼讨好。后来兵变被镇压,朝廷派人追究这些州县长官的责任。富弼得知此事后，便生气地说："这些人都应该被判死罪，否则，就没有人再提倡正气了。"

范仲淹对这件事的态度却迥异于富弼，他说："这些县官进行抵抗的话，又没有兵力，只是让百姓白白受苦罢了。他们这种做法，大概是为了保护百姓采取的权宜之计。"

二人意见不同，争执起来。

有人劝富弼说："你也太过分了，你难道忘记范先生对你的大恩大德了吗？你考中进士后，皇帝下诏求贤，要亲自考试天下的士人。范先生听到这个消息以后，马上派人把你追回来，还给你准备好书房和书籍，让你安心温习准备考试。如果不是范先生的义举，你岂能被皇帝赏识、谋得今天的成就地位？"

富弼却回答说："我和范先生交往是君子之交，范先生举荐我并不是因为我的观点始终和他一样，而是因为我遇到事情都有自己的主张。我怎么能为了报答他举荐我的恩情而放弃自己的主张呢？"

范仲淹听说这件事后，欣喜地说："我果然没有看错富弼。恩情是一回事，主见又是另一回事，富弼时刻都懂得不因其中的任何一方而让另一方贬值。这就是我欣赏他的原因之一。"

范仲淹对富弼的举荐出于侠义，对富弼的理解则出于素心。前者让他不能眼看着富弼和机遇擦肩而过，后者使他在遭到反驳时仍能公私分明。范仲淹和富弼之间的这件事很好地诠释了"交友须带三分侠气，做人要存一点素心"这一句话。

“侠”是中国传统文化的一个方面，它尊崇坦荡无私、患难与共的精神。“侠”在交友过程中，强调放下自我、为朋友赴险难、同大家共享安福。而“素心”则是一种修身养性的境界，它是一种朴实无华、纯净无私的心灵境地。为人处世的过程中，拥有一颗素心就要心胸坦荡、知足常乐。《菜根谭》之所以会把这两者并谈，实在是因为只有同时拥有这两样品质，我们才能在实际交往中于人无害、于己无憾。

如果真的把“君子之交”比作一弯溪流的话，侠义让这水流不断，哪怕朋友之间意见不合，也不会分道扬镳；而素心则保证着水流的清澈，人心不坏，才能细水长流。

在现实生活中，君子之交仍保留着不乘人之危、不落井下石的内涵和丰富的真谛。在交友过程中，不失侠气，义字当先，我们就不会失去珍贵的友谊。做人随俗而不随波逐流、见利忘义，始终保持纯粹的心境，我们就会品出平凡生活中的美好滋味。

尊重包容是朋友的相处之道

原文

待小人，不难于严，而难于不恶；待君子，不难于恭，而难于有礼。

意译

对待心术不正的小人，要做到对他们严厉苛刻并不难，难的是不去憎恶他们；对待品德高尚的君子，要做到对他们恭敬并不难，难的是遵守适当的礼节。

清心智慧

尊重他人是一种良好的美德。它反映的是一个人的文化素养、道德修养。笛卡儿说："尊重别人，才能让人尊敬。"的确，尊重他人是文明的起点，人活在世上必然要和别人交往，而对人的尊重是最起码的礼仪。任何不尊重他人的言行都会引起别人的反感，不会赢得别人的尊重。

在现实生活中，我们都希望得到别人的尊重，但想要获得别人的尊重，首先得尊重别人。从某种意义上说，尊重别人其实就是尊重自己，如果你的言语中连讽带刺，或者出现脏话，那你可能会得到同样的回应。所以，在与别人的交往中，要学会尊重和包容对方，这样才能与朋友很好地相处，从而获得真正的友情。

清朝康熙年间，内阁大学士张英（张廷玉的父亲）收到一封家书。信上说他们家正打算修围墙，本来根据地契，墙可以一直修到邻居叶秀才家的墙根下，但是叶秀才不让，并且还到官府里把张家给告了。家人非常生气，就给张英写了这封信，让他处理这件事。

家人很快就收到了张英寄来的回信，但上面只有一首诗："千里捎书只为墙，让他三尺又何妨？万里长城今犹在，不见当年秦始皇。"张英的家人接到信后，明白了他的意思，马上就把墙拆了，并且后移三尺才重建。叶秀才一看张家如此大度，也把自己家的墙拆了，后移了三尺。由于两家都各自退让了三尺，因此留出了一条长百余米,宽六尺的巷子,后被当地人赞誉为"六尺巷"。

正是因为张英是一个有气量可包容的人，对叶秀才的狭隘他主动选择了包容，这不仅解决了问题，还赢得了他人的敬重，并因此一小事而青史流芳，真可谓一举多得。在生活和工作中，我们每个人都难免会遇到让自己不如意的人和事。如果矛盾双方都得理不饶人，只会将事情越闹越大。所以，遇到这样的情况我们一定要学会去适当地包容，才能使"小人不恶"。

而和君子相交，气度不再指向忍让错误，而更倾向于包容差异、把握交往的距离。君子立身往往高于常人，注重涵养礼数，这样的人宁可孤傲一世，也不愿随波逐流。既然如此，和君子相处时，我们不妨把尊敬留给他，而把距离留在心底。所谓君子之交淡如水，高明的人和君子相交，总是包容差异、成就和谐，在这个问题上晏婴的见解最为独到、深刻。

一次，齐侯出猎归来，指着前来接驾的臣子梁丘据对晏婴说："这个梁丘据与我相处得最和谐。"

晏婴不以为然，反驳说："他与你只不过相同而已，哪里谈得上和谐？"

齐侯很纳闷："和与同还有区别吗？"

晏婴说："和，如羹焉。"

意思是说像厨师煮肉汤一样，把各种原料和作料加在一起，施以薪火，过则泄之，不及则济之，才能烹调出醇美大羹之味。晏婴又把和比作音乐，五声六律，刚柔清浊，疾之徐之，抑之扬之，才能奏出和谐动听的乐曲。同则相反，"以水济水，谁能食之？若琴瑟专一，谁能听之？"

晏婴用形象的比喻说明，和有学问、有道德的人交往，就应在不同见解中互相尊重、吸收、融合，和睦相处但不盲目苟同，心有敬重却不随波逐流。盲目趋同，甚至同流合污，虽共同谋事却各怀异心，这样的交往实际上是毫无意义的。

总的来说，要想在人际交往中契机应缘、和谐圆满，就要辨清君子小人，随机调控我们胸怀的容量。而人际关系是相互的，要想将气量调控用到点子上，关键靠三点：一是平等待人的态度，不自认为高人一等，保持一颗平常心，平视他人，尊重他人。二是宽阔的胸襟。胸怀坦荡，虚怀若谷，有错就改。三是宽容的美德，能够仁厚待人，容人之过。因此，在与人交往的时候，不要忘了人格上的平等，只有这样才能获得真正的友情。

施人勿念受施勿忘，做人常怀感恩之心

原文

受人之恩，虽深不报，怨则浅亦报之；闻人之恶，虽隐不疑，善则显亦疑之。此刻之极，薄之尤也，宜切戒之。

意译

受人的恩惠虽然很多很大也不设法报答，但是一旦有一点点怨恨就千方百计地报复；听到人家的坏事即使很隐约也深信不疑，但是对于人家的好事再明显也不肯相信。这可以说是刻薄冷酷到了极点，应该严加戒绝。

清心智慧

在喧嚣忙碌的生活中，最值得我们珍惜的是一颗感恩的心。生命之始，是父母给予了你无微不至的呵护；当你停歇匆忙的脚步，是爱人递给你一杯温暖的茶；在你遭遇困境时，是朋友为你两肋插刀；当你突遇坎坷，是陌路行人为你伸出了无私的援助之手……心怀感恩，浮躁的情绪会稀释，紧绷的神经会放松；心怀感恩，自筑的围墙会坍塌，内心的温情会释放。因此，要学会感恩，感恩那些值得我们感恩的一切。

天空会因一丝云彩而更深邃，大海也将因一朵浪花而更澎湃。一双援助之手将拯救无数生灵；一次细心呵护将感化无数心灵。伸出你援助的双手，用一颗感恩的心去对待他人，记住别人对自己的帮助，同时学会帮助别人，这个世界将会更加温暖、更加美好。

韩信少年时，家中十分贫寒，他又自幼父母双亡，生活过得自然更是凄苦。虽然他自己发愤图强，读书习武，但是却没有什么生活来源，养活不了自己，就只好去别人家吃白食，为此，他常常被别人冷眼以对。韩信不甘心，于是就自己拿着钓鱼的用具，到江边钓鱼来换钱，可即使这样，他的生活还是青黄不接，饥一顿饱一顿。

有一天，他遇到了一个在江边浣洗纱絮的老妇人，人称“漂母”。漂母见到韩信三餐不饱，很是可怜，于是，她就把自己的饭食分给韩信吃。日日如此，年年如此，韩信自是心中感念。后来，韩信功成名就，被封为淮阴侯，就回去寻找漂母。他派出多人，四处寻找，最终以千金相赠，之后常说：“没有漂母，便没有今日的韩信，一饭之恩，必当铭记终生。”

古人常怀感恩回报的品德，今人自然更需要汲取古人的品德智慧，无论是在生活中还是工作中，我们都应该心怀无限的感恩之情。要知道，懂得感恩是人的一种美好而优秀的品质。

人们常说：懂得感恩的人，会懂得珍惜，就容易得到幸福。幸福是我们每个人心中的满足与恬然，它用金钱买不到，用得意换不来，只有一颗玲珑剔透的感恩之心才能在每一个生活细节中发现美好，感恩美好，从而能够享受到他人所享受不到的幸福。可以说，感恩是一件幸福的事情。

鲁宣公二年，宣子在首阳山打猎，住在翳桑。一日外出时，他见一人饿倒在地，忙上去询问。那人说："我已经三天没吃东西了。"宣子于是命人将食物送给他吃，那人吃着吃着却留下了一半。

宣子问他为什么，他说："我离家已三年了，不知道家中老母是否还活着。现在离家很近，请让我把留下的食物送给她。"宣子被他的孝心所打动，就让他把食物吃完，另外又为他准备了一篮饭和肉让他带给家中的母亲。

后来，晋灵公想杀宣子，危急之际，灵公武士中的一人却在搏杀中反过来抵挡晋灵公的手下，使宣子得以脱险。宣子问他为何这样做，他回答说："我就是在翳桑的那个饿汉。"宣子再问他的姓名和住址时，他不告而退。

宣子的一念之善为他后来的大难不死埋下善因，为报一饭之恩而不惜违抗君令的武士也着实令人敬佩。知恩图报是情理之中的事，以德报怨却不是每个人都能做到的，这就更考验人的胸襟与气度了。

有些人常挂在嘴边的一句话就是：以其人之道还治其人之身。大意是：你怎样对待我，我就怎样回敬你。这种做法表面上看来是合理的，但如果仔细考虑一下，我们就会发现它所带来的后果是沉重的：原本是一个人痛苦，现在却是两个人痛苦。别人犯的错误，我们为什么还要重复呢？学会冰释前嫌、宽容他人，其实也是给自己留下余地。

一个人只有懂得珍惜，懂得感恩，才容易获得幸福。感恩是对生命过程的一种珍惜，是一种内在的心灵感觉，在某一刹那，心中的某一根隐秘的弦，忽然被拨动，泛出圈圈甜美的满足感，那便是幸福。

古人云："施人慎勿念，受施慎勿忘。"知恩图报是一个人不可磨灭的良知。一个懂得知恩图报的人，就拥有了人生最重要的美德，生活最重要的智慧。在我们每一个人的生命过程中，遇到过很多人、很多事，不管是现在、过去还是未来，只要你心怀珍惜，懂得感恩，用爱心浇筑生命，就会拥有一颗幸福的感恩之心。

交友待人要谨慎，勿轻易"输心"

原文

遇沉沉不语之士，且莫输心；见悻悻自好之人，应须防口。

意译

遇到表情阴沉、不说话的人，暂时不要急着和他交心谈心；遇到高傲自大、愤愤不平的人，要谨慎自己的言谈。

清心智慧

人的表情行为往往是内心世界的反映，每个人都有独特的习惯、个性，而其表现出来的方式也不一样。这些行为表现通常还会反映出一个人内心的善恶美丑，因为人心叵测，生存在社会上的人们必须处处多加提防。不要看见阴沉的脸还和人家谈心交心，因为那样的人心理防线很强大，不是你三言两语就能打破的。在待人接物时心里要有把合适的尺子，不然一旦遇到心地险恶的人，就会深受其害。

俗话说："逢人只说三分话，莫要全抛一片心。"的确，不经过一段时间的观察，我们是看不出一个人品性好坏的，也就很难决定交往的程度、说话的深浅。所以，我们要谨慎地对人，不可与什么人都交朋友，更不可逢人便吐露自己的心声。

一天傍晚，有两个要好的朋友在林中散步。突然，有个人惊慌失措地从林中跑了出来，两人见状，便拉住那个人问："你为什么如此惊慌，到底发生了什么事情？"

那人忐忑不安地说："我正在移植一棵小树，却忽然在土里发现了一坛金子。"

两个人对视一眼，说："你这个人真蠢，挖出了黄金还被吓得魂不附体，真是太好笑了。"随后他们又交换了一下眼色问道："你是在哪里发现的，告诉我们吧，我们不害怕。"

那人说："还是不要去了，这东西会吃人的。"

两个人异口同声地说："我们不怕，你就告诉我们黄金在哪里吧。"

那人告诉了他们具体的地点，两个人跑进树林，果然在那个地方找到了黄金。

其中一人说："我们要是现在把黄金运回去，不太安全，还是等天黑再往回运吧。这样吧，现在我留在这里看着，你先回去拿点儿饭菜，我们在这里吃过饭，等半夜再把黄金运回去。"

于是，另一个人就回去拿饭菜了。

留下的人看着满坛的金子，不由得动了歪心思，他想："要是这些黄金都归我，那该多好呀！"而回去的那个人一边准备饭菜一边想："如果他死了，那么黄金不就都归我了吗？"

当他提着饭菜到树林里，留守的人突然出现在他背后，用木棒狠狠地打向了他的头，这人当场毙命了。然后，那个人拿起饭菜狼吞虎咽地吃了起来。没过多久，他也倒地抽搐起来，这才明白原来饭菜里已经被下了毒。

临死前，他想起了发现金子那人说的话，心想：果真是应验了，原来金子也会吃人呀！

故事里的这两个人根本算不上真正的朋友，因为他们抵不住诱惑，在利益面前互相算计，最终只会自尝苦果。真正的友情应该具有无所求的品质，一旦有所求，"求"也就成了目的，友情就会因此转化为一种外在的装点，而丧失了最初对灵魂相知的渴望。

孔子说，"益者三友"——"友直、友谅、友多闻，益矣"，"损者三友"——"友便辟，友善柔、友便佞，损矣"。就是说，要与正直的、诚恳的、见闻广博的人交朋友，这才有益；同谄媚奉承、当面恭维背后诽谤、喜欢夸夸其谈的人交朋友，那是有害的。交益友，在品德上可以互相砥砺，在工作上能够互相促进，生活上可以互相照顾，有了困难互相帮助，有了缺点能够互相规劝、批评，在学识上能够互相取长补短，这对一个人的成长进步无疑大有好处。反之，交了"损友"，当面说好话，净给你灌迷魂汤，背后却要手段、使绊子，甚至攻讦戕害，自然是有害无益、有损无补了。

交朋友要谨慎选择，不要因为错选了朋友而影响了你的一生。对人要谨慎，不要因为自己的言语而得罪别人。所以，我们需要在以后的生活中不断地用智慧来武装自己的头脑，擦亮眼睛，这样才能成为真正的贤能人士。

平和纳意见，不偏激固执

原文

山之高峻处无木，而溪谷回环则草木丛生；水之湍急处无鱼，而渊潭停蓄则鱼鳖聚集。此高绝之行，褊急之衷，君子重有戒焉。

意译

山峰险峻的地方没有树木生长，而在溪谷蜿蜒曲折的地方却草木丛生；在水流湍急的地方没有鱼儿停留，而平静的深水潭下则生活着大量鱼鳖。所以过于清高的行为，过于偏激的心理，对一个有德行的君子来说，都是应当努力戒除的。

清心智慧

伟大寓于平凡，在平凡中见伟大的人才是真伟人。才德见于细节，从点滴做起，只有这样在大是大非面前才会显出品德的高尚。自命清高、孤芳自赏、标奇立异的人，属于“高绝之行，褊急之衷”之辈，是君子所不足取的。虽然有德之人、建功立业的伟人是不怕孤独的，像污泥中的莲花格外醒目，耐得住寂寞。但这不是说人要把自己放到空中楼阁之中，让思绪永远停留在理想世界，因为人不可能离开现实世界生活下去。

在现实生活中，人不能孤立地存在，需要借助别人的帮助才能不断地进步，因而不能故步自封，更不能骄傲自满。在朋友鼓起勇气向我们提出宝贵意见的时候，我们一定要以平和的心态对待他们，这样自己才会不断进步。

解缙，明代江西吉水人。传说他从小就是神童，还不会说话时，就善解人意。19 岁那年，解缙一举考中进士，担任中书庶吉士。当时许多大臣近侍因为向皇帝提意见不合旨意而无罪被杀，所以朝臣们大多噤若寒蝉，不敢再轻易发言，而解缙却忠心耿直敢于进谏。

一日，朱元璋对解缙说：“你试谈当今政事最应施行的是什么？”解缙立刻一挥而就，上万言书及《太平十策》。朱元璋大为惊叹，喜出望外，更加喜爱他。有时他为皇帝书写诏书，朱元璋甚至亲自为他磨墨。

但是，好景不长，解缙终于因为自己的清高耿介而遭到疏远。解缙与兵部尚书沈缙发生冲突时，甚至指着沈缙痛骂。解缙孤傲的性格逐渐使其得罪了许多人，但他自己却不知道反思。

朱元璋无奈，只好召见解缙之父说：“大器晚成，你把儿子领回去再好好教教吧。”又对解缙说：“你回去后，要更努力学习古代贤士的一言一行。十年之后再回朝廷，我将再次重用你，那时也不算晚！”

解缙由一开始的受宠到后来的受责、被贬，一切祸孽都与他的清高偏执有关。解缙的遭遇告诉人们，清高偏激是处世的大敌。

“水至清则无鱼，人至察则无徒”，一个人要想成就大业，左右逢源，就应该戒除极端，谙熟中庸之道，学会以宽容的心态、平和的气度对待别人、悦纳别人，当忍则忍，当让则让，而不能因为行事偏激而遭人记恨。

宋代的向敏中，在宋太宗时为名臣，在宋真宗时晋升为右仆射，居大任三十年，没有一个不顺从他的人，而能做到这一点，正是由于他不争而避免了他人妒恨排挤之祸。

《宋史》记载过这样一个故事。

有一天，宋真宗说：“自从我即位以来，还没有任命过右仆射。现在任命向敏中为右仆射。”这是非常高的官位，很多人都向他表示祝贺。

翰林学士李宗谔祝贺他说：“今天听说您晋升为右仆射，士大夫们都欢慰庆贺。”向敏中仅唯唯诺诺地应付。又有人说：“自从皇上即位，从来没有封过这么高的官，要不是勋德隆重，功劳特殊，怎么能这样呢？”向敏中还是唯唯诺诺地应付。又有人历数前代为仆射的人，都德高望重。向敏中依然只是恭顺听从，没有说一句话。

第二天上朝，皇上说：“向敏中是有大耐力的官员。”向敏中对待这样重大的任命而不动心，这就做到了“宠辱不惊”。人们三次致意恭贺，他三次勉强应付，不发一言，可见他超人的镇静。

正如《易经》中所说的“贞固足以干事”，他居高位三十年，人们没有一句怨言。他能这样从政处世，对于进退荣辱，都能心情平静地虚心接受。所以他理政行事，待人接物，也就能顺从大理，顺从人情，顺从国法，没有一处不适当的。

老子认为，只有无争，才能无忧。气度平和，无为而不争，才能让自己少些忧患。相反，如果不懂得随意自适，事事强出头，斤斤计较、患得患失，不仅让自己活得很累，还容易成为众矢之的。

慧眼识人观察细节，善人祥和凶人肃杀

原文

吉人无论作用安详，即梦寐神魂，无非和气；凶人无论行事狠戾，即声音笑语，浑是杀机。

意译

心地善良的人不要说其言行都很安详，即使是睡梦中的神情，也都洋溢着祥和之气；凶狠的人不要说其为人处世凶狠狡诈，即使是在谈笑之间，也一样充满了肃杀恐怖。

清心智慧

俗话说，“江山易改，禀性难移”，一个人的个性可以表现在他生活的各个方面，想伪装是很难的，是不会长久的。正是因为人们不好控制自己的表情行为，所以，根据很多细节表现，人们就可以大概得知该人的性格心态甚至是内心动向，从而判断其人品的优劣善恶，并做出是否与之结交的决定。

一般来说，一个遵守礼法的人，由于他的内心毫无邪念，所以言行显得友好，每个人都觉得他和蔼可亲。由于心地善良，处在任何时候，都能散发出一种安详之气；反之，一个生性残暴的人，不论处于何时，总会令人感到一种恐怖之气，因为这种人时时想着算计别人。可见一个人是善是恶，能从他的言谈举止中察觉，即使在笑谈中也会显出各人不同的心性。路遥知马力，日久见人心，我们在为人处世的过程中，必须善于识人。

我们在实际生活中会遇到形形色色的人，有的诚实、率真、胸无城府，有的则虚伪、圆滑、两面三刀。面对这种纷繁情况，做人如果不保持内心明慧、明察秋毫，就很有可能被人欺骗、利用。唐朝有一个叫吕元膺的人，这个人在交友上就独具慧眼、明察秋毫。

吕元膺任东都洛阳留守时，有和门客下棋的习惯。有一次，吕元膺一边和一名下级官吏下棋，一边批阅公文。这小官为了获胜，就趁吕元膺改公文时偷换了一枚棋子。等吕元膺回过神来再下棋时，棋局已变，而且自己是必输无疑。其实，小官的这个小动作已被吕元膺看在眼里。只是为了顾全对方的面子，吕元膺不好当即拆穿他，就做出甘拜下风的样子结束了这盘棋。

第二天，吕元膺又把这个小官吏请到了自己的府上。小官吏本以为自己凭借一盘棋获得了吕元膺的赏识，十分兴高采烈。不想吕元膺说了半天话，关于提拔却只字未提。

正当小官吏心里打鼓时，吕元膺客客气气地对那门客说："我这儿机会有限，难免会影响你施展抱负，如果你想有更好的发展，还是另谋高就吧。”说罢，他命人送上已经准备好的礼物，亲自为小官送行，让他离开了自己的辖地。当时很多人对他的做法很是不理解，但是无论别人怎样询问，吕元膺都只是顾左右而言他。

直到病危前夕，他嘱咐自己的儿孙时才道出真相，说：“十多年前我在东都时，为了一枚棋子辞却了一个和我交往甚好的门客，并且再也没有和他有过任何来往。说起来，他偷换一枚棋子本是小事一桩，但我却从中看出他心术不正。后来果然不出我所料，这个人因贪赃枉法而丢了性命。别人误解我也好、说我无情也罢，我只是想让你们明白：为人处世，识人交友一定要认真对待，切不可被表象蛊惑。”说罢，他坦然地闭上双眼，溘然长逝。

吕元膺明察秋毫，识人于微，可谓明智。判断一个人的思想境界并不能只听这个人的一面之词，也不一定要等到这个人犯了大错才有所顿悟，透过很多微小的细节就可以定夺了。

虽然说“恶之性不能易，如水之不能燥，火之不能温”，但是在如今这个时代，与不同的人打交道时用不同的策略，经过反复实践，就可以掌握识人交友这一门学问。我们要在人际交往中逐渐地看透人心，在交际中掌握主动权，观其言行而知其本质，防止被欺骗利用，从而做出最佳的应对之举。

卷舒自由，行止在我

——行事如流的智慧

行止在我，不做受他人提掇的“提线木偶”

原文

人生原是一傀儡，只要根蒂在手，一线不乱，卷舒自由，行止在我，一毫不受他人提掇，便超出此场中矣！

意译

人生本来就像一场木偶戏，只要自己掌握了牵动木偶的线索，任何丝线也不紊乱，收放自由，行动或停止由自己掌握，一点儿都不受他人的牵制和左右，那么就算是跳出这个游戏场了。

清心智慧

不管人们做什么事，思考什么内容，其核心永远是以个人为基础的，若是一个人失去了独立判断能力，失去了善良的信仰，自然无法做出果断正义的行动。此外，如果连自我都不够了解，也一样很难做出成绩。

做事要注意发现规律，就具体事情而言应发现其窍门，得窍门则一通百通，就像看病对症下药一样。做人要善于发现优势、特长，看清本质，就可以遇事进退自如，不受他人左右。

人贵自知，处世要摆正自己的位置，做事要看是否可行，以做到卷舒自在。当然，有比较、有参照，一个人才能扬长避短、查缺补漏，但所谓“参照”并非要时刻以他人为镜，与他人同手同脚。自己才是一切的根源，所以我们做事要有自己的原则。原则是一把尺子，规范言行，也规范内心。

庄子在《齐物论》中讲过这样一则故事：

罔两是影子的影子。一天，罔两问影子：“先前你行走，现在又停下；以往你坐着，如今又站了起来。你怎么没有自己独立的操守呢？”

影子回答说：“我是有所依凭才这样的吗？我所依凭的东西又有所依凭才这样的吗？我所依凭的东西难道像蛇的蚹鳞和鸣蝉的翅膀吗？我怎么知道因为什么缘故才会这样？我又怎么知道因为什么缘故而不会是这样？”

物体动，所以影子动；物体停，故而影子停。罔两在谴责影子没有操守的同时，却没想过自己其实和影子一样，只会跟着别人转来转去，没有坚定的立场和原则。

如果一个人一味屈从于他人的意志和目光，或一直模仿他人的言行，就会像故事里的罔两和影子一样，成为他人的傀儡，被牵着鼻子走。长此以往，人就会屈服于舆论导向，盲目地效仿别人，甚至丧失自我，就像没有思想也没有自由的“提线木偶”一样。

《庄子·天运》中有：“西施病心而颦其里，其里之丑人见之而美之，归亦捧心而颦其里。其里之富人见之，紧闭门而不出；贫人见之，挈妻子而去之走。彼知颦美，而不知颦之所以美。”

西施因为心口疼痛，所以平时走路总是皱着眉头。邻里的一个丑女人东施，看见西施捂着胸口皱着眉头很美，于是效仿西施的样子，也捂着胸口皱着眉头。附近的有钱人看见了，全都紧闭家门，足不出户；穷人们看见了，也带着妻子儿女远远地跑开了。可笑的是，东施只知道皱着眉头的样子好看，于是就效仿起来，却不知道皱着眉头好看的原因。

东施只知道跟在别人后面，学别人的样子，那么她就永远不能使纯粹的自我得到展现，只是一个“木偶人”。生搬硬套，机械地模仿别人，不但学不到别人的长处，反而会把自己的优点和本领也丢掉。有些人见别人好，就希望成为别人，于是开始过着模仿秀一样的生活。而真正尊重自己的人，总是勇于肯定自己，相信自己，因为他们懂得，只有这样才能发挥个体的最大能量，使生命变得丰富多彩。

做自己是一种个人品性的锻炼，它最先开始于对自我的认知。人能够突破环境，最重要的力量源泉就是基于自我意识和自知之明的双重思虑所产生的出色动力。一个人对自己的定位，在很大程度上影响着自己的态度和行为，也影响看待他人的方式。倘若我们处处将他人当作一面镜子，当作模仿的范本，终将导致个性的不完善和自我的迷失。

宁默毋躁，宁拙毋巧

原文

十语九中，未必称奇，一语不中，则愆尤骈集；十谋九成，未必归功，一谋不成，则訾议丛兴。君子所以宁默毋躁，宁拙毋巧。

意译

十句话有九句都说得很正确，人们也不会称赞你，但是如果有一句话说得不正确，就会受到众多指责；十个谋略有九个成功，人们不一定会赞赏你，但是如果有一次谋略失败，批评的话就纷至沓来。这就是君子宁可保持沉默也不浮躁多言，宁可显得笨拙也不自作聪明的缘故。

清心智慧

在生活中，故作迟钝的未必不是聪明人，有时候保持沉默，可以避免说错话，这也是一种大智若愚的艺术。这样做的目的是为了获得最大利益。少开口不做无谓的争论，对方就无法了解你的真实想法，也无法从你的话中挑错，从而也避免了许多麻烦。因此，生活中我们要多听、少说甚至不说。

其实，我们从很多智者身上可以看出，当别人进行讨论时，他们都是一言不发地坐在那里，等大家把想说的话都说完了，他们接着发表意见，一般都会语惊四座，让大家觉得自愧不如。

他们沉默时，并不是没有想法，只是隐忍不言，而当听完别人的讨论后，他们就掌握了每个人的想法，也掌握了最全面的信息，从而会做出客观的判断和理智的决策。这就是我们要借鉴的方法，即要充分掌握信息，充分把握事情的全局后，再去发言，而不是抢着说那些自以为是的意见和想法。

要知道，言多必失，所以，在一定的情境下，适当地保持沉默。这样做不表示自己多么软弱，反而会更加有利于自己；否则，只能自尝苦果。隋朝的贺若弼大将军就是如此。

隋朝时贺若弼任大将军，但他常常为自己的官位比他人低而怨声不断，自认为当个宰相也是应该的。不久，还不如他的杨素做了尚书右仆射。而他仍为将军，未被提拔，于是他气不打一处来，不满的情绪和怨言便时常流露出来。后来一些话传到了皇帝耳朵里，贺若弼被逮捕下狱。

隋文帝杨坚责备他说：“你这个人有三太猛：嫉妒心太猛；自以为是、自以为别人不是的心太猛；随口胡说、目无长官的心太猛。”不过因为他有功，不久也就被释放了。

但他还不吸取教训，又对其他人夸耀他和皇太子之间的关系，说：“皇太子杨勇跟我之间，情谊亲切，连高度的机密，他都对我附耳相告，言无不尽。”后来杨勇在隋文帝那里失势，杨广取而代之为皇太子，贺若弼的处境可想而知。

这时贺若弼因言语不慎，得罪了不少人，朝中一些公卿大臣们怕受牵连，都揭发他过去说的那些对朝廷不满的话，并声称他罪当处死。

隋文帝对贺若弼说："大臣们对你都十分厌烦，要求严格执行法度，你自己寻思可有活命的道理？"贺若弼辩解说："我曾凭陛下神威，率八千兵马渡长江活捉了陈叔宝，希望能看在过去功劳的分上，给我留条活路吧！"

隋文帝说："你将出征陈国时，对高颖说：'陈叔宝被削平，问题是我们这些功臣会不会飞鸟尽，良弓藏？'高颖对你说：'我向你保证，皇上绝对不会这样。'是吧？等到消灭了陈叔宝，你就要求当内史，又要求当仆射。这一切功劳过去我已格外重赏了，何必再提呢？"

贺若弼说："我确实蒙受陛下格外的重赏，今天还希望格外地赏我活命。"此时他再也不攻击别人。隋文帝考虑了一些日子，念他劳苦功高，只将他削职为民。

显然，贺若弼因言多而坏事，我们在现实生活中一定要引以为戒，千万要忍住那些不该讲的话，否则不仅会让别人抓住把柄，还有可能招致不必要的祸端，真要如此就得不偿失了。

平时，我们要想说话少出差错，就要做到：一是多听少说；二是保持沉默；三是话不说死，给彼此留有余地。总之，我们需要时时修炼，管好自己的嘴巴，适时保持沉默，避免言不由衷，言不及义，甚至弄巧成拙。

做人无常势，做事要懂得另辟蹊径

原文

道是一重公众物事，当随人而接引；学是一个寻常家饭，当随事而警惕。

意译

人生的道理就像一条大马路，人人都可以走，人人都必须走，所以应该顺着人性去引导；做学问就像每个人吃家常饭那样普遍，因而应该随着事物的变化留心观察和提高警惕。

清心智慧

有人在总结自己的成功经验时这样说：“你可以跨越任何障碍。如果它太高，你可以从底下穿过；如果它很矮，你可以从上面跨过去。总会有办法的。”世界上的一切事物都处于不断的运动、变化和发展之中。如果凡事都照搬教条，而不知随机应变、具体情况具体分析，那就难免失策。要获得成功，就要首先去认识事物的性质和特点，然后根据实际情况调整思路和行为方式。只有如此，才能在顺应事物变化的同时，驾驭变化。

战国时代，有施氏和孟氏两家邻居。施家有两个儿子，一个儿子学文，一个儿子学武。学文的儿子去游说鲁国的国君，阐明了以仁道治国的道理，鲁国国君重用了他。那个学武的儿子去了楚国，那时楚国正好与邻邦作战，楚王见他武艺高强，有勇有谋，就提升他为军官。施家因两个儿子显贵，满门荣耀。

施氏的邻居孟氏也有两个儿子长大成人了。这两个儿子也是一个学文，一个学武。孟氏看见施氏的两个儿子都成才，就向施氏讨教,施氏向他说明了两个儿子的经历。孟氏便记在心里。

孟氏回家以后，也向两个儿子传授机宜。于是，他那个学文的儿子就去了秦国，秦王当时正准备吞并各诸侯国，对文道一点儿也听不进去，认为这是阻碍他的大业，就将孟氏的儿子砍掉了一只脚，逐出秦国。他学武的儿子到了赵国，赵国早已因为连年征战，民困国乏，厌烦了战争，这个儿子的尚武精神引起了赵王的厌烦，赵王就砍掉了他的一只胳膊，并将他逐出了赵国。

孟氏之子与邻居的儿子条件一样，结果却截然相反。这是因为孟氏及其儿子没能见机行事，观察和权衡事态的发展变化，只是重走别人的老路，最终导致自身不幸的情况发生。

一条路走不顺畅，可以硬着头皮走下去，也可以放弃原路，另辟蹊径。换一种思想，换一个想法，往往能使人豁然开朗，步入新境，也能使人从“山穷水尽”中看到“峰回路转”和“柳暗花明”。

道理人人都懂，学习人人都会，问题的关键在于怎样顺着人性和事物的变化而发展。鲁迅曾说：“其实世上本没有路，走的人多了，也便成了路。”做人无常势，不懂得另辟蹊径者，将很难赢取成功和荣耀。人生的道路有千万条，条条大路都能通罗马，每条路都是我们的选择之一。所以一旦这条路行不通，不要犹豫，立即换一条路，走出一条适合自己的路。

行不去处须知退步，与人方便自己方便

原文

人情反覆，世路崎岖。行不去处，须知退一步之法；行得去处，务加让三分之功。

意译

人间世情变化不定，人生之路曲折艰难，充满坎坷。在遇到困难走不通的地方，要知道退让一步、让人先行的道理；在走得过去的地方，也一定要给予别人三分的便利，这样才能逢凶化吉，一帆风顺。

清心智慧

人们常说，与人方便就是与己方便。如果人们一味地要争取最有利于自己的东西，就会常常事与愿违。虽然懂得为自己谋利是一种生存技巧，但是一旦将这种本领歪曲并延伸，就会发展成无可救药的极度自私。与人相处，就像在跳交谊舞，有进有退，有退有进，有时，退一步会让自己的步路更宽。退一步会让你发现，自己的活动空间是宽阔的，你会有多种选择。

古人云：“利人是利己的根基。”这是自古以来就倡导的一种良好的谦让美德。这是一种谨慎的处世方法，适当的谦让不仅不会招致危险，反而是寻求安宁的有效方式。为人处世，遇事能够退让一步的态度才算高明，让一步就等于为日后的进一步打下基础。给朋友方便，实际上是给自己日后留下方便。让人三分，实则是为自己留一处空地。

有个将军，性情十分刻薄，而且很粗鲁，他的一位部下是虔诚的基督教徒。

有一次，部队在野地扎营，晚上临睡前，这个部下仍像往常一样跪在睡袋旁边祷告。将军看见他的行为，脸上挂着轻视的笑容，顺手脱下自己肮脏的靴子向他丢过去，部下略受惊吓，但是仍然继续祷告，祷告完之后就躺入睡袋。

第二天早上，将军赫然发现他那只肮脏的靴子已经被擦得闪闪发光，并且放在他的床边。这件事使他终生难忘，他从此彻底改变了对人的态度。当然，那位部下也因为友善而得到了将军的尊重。

每个人都有自己的个性，都可能在某些方面与别人不同。与人相处常常就会有或大或小的矛盾，面对这些矛盾，我们不应认为“狭路相逢勇者胜”，因为胜的同时，你也可能失去了一份宝贵的情感。

刘邦率众起义，占领沛县县城后，城中父老推举他为县令。刘邦实际上很想得到这个位子，却假意推辞说：“当今天下大乱，各路诸侯纷纷揭竿而起，反对秦朝统治，如果选择将领不当，起义就会前功尽弃，甚至全城百姓都有被杀头的危险！我这样说并不是爱惜自己的性命，只是在下才疏学浅，恐怕难以胜任，到时真的害了沛县的父老乡亲，我可没有办法交代啊。所以，你们对这件事一定要慎重，还是另请高明吧！”

在场的萧何、曹参都是文官，他们顾虑重重，担心大事不成会被秦朝诛杀全家；同时，两人又深知刘邦能成大事，于是极力推举刘邦。

沛县百姓也对刘邦说：“我们都听过你的事迹，知道你是个大人物。况且，我们已经占卜过了，没有人比你更吉利。如果你不当县令，那么换成任意一个人恐怕沛县百姓就要遭殃啦！”

刘邦又多次推让，但所有人都坚决选他做沛公，这时，他才接受了。其实，刘邦完全可以毛遂自荐坐上沛公的位子，但他恰恰选择了与此截然相反的“以退为进”的做法，却同样达到了目的。实际上，刘邦选择后者是一个非常高明的举动。

“让一步”“宽一分”，待人处世是把苦留给自己，把功名留给别人，这种牺牲精神可以求得自我的精神慰藉，也足以赢得世人的敬重。

现在是一个讲求效率的时代，大家都希望在有限的时间里可以完成更多事情，然而很多人只看到自己的利益，一心想着为自己多谋取些利益而向前迈进，在与他人发生冲突时，从不退让，反而会选择攻击对方，致使矛盾、摩擦升级，最后造成难以挽回的损失。其实与其因为正面冲撞而阻断了自己的去路，莫不如谦让一步，与人方便，也与己方便。

谦让态度不仅不是消极退后，反而是一种积极的前进策略。人与人的相处中难免会遇到不能相互理解、相互体谅的事情。

正因为如此，我们在为人处世时更应该懂得谦让容忍。退让往往是更进一步的基础，谦让他人亦是奠定方便自己的根基。

为人处世必须学会谦让，没有人能时时处处占上风，事事都顺心如意，因此会处世的人都明白在难行的地方退一步、让三分的道理。知退一步之法，明让三分之功，才是安身立命的明智选择。只有做到这一点，人生道路才会少一些崎岖坎坷，多一些顺畅。

议事要知曲直，做事不计利害

原文

议事者身在事外，宜悉利害之情；任事者身居事中，当忘利害之虑。

意译

议论事情的人，自己置于事情之外，应该尽量了解事情的全部是非曲直；做事的人，自己处于事情之中，应当完全抛弃个人的利害得失。

清心智慧

俗话说，“当局者迷，旁观者清”，当人沉迷于某一件事，躬亲入局，全身心投入之时，常常难以看清楚事情的是非曲直，因此容易犯大错误。所以，在说任何话、做任何事情之前，首先要把自己置身于事外，抛却个人的利害得失，这样才能看得清楚，分得明晰，明白其中的善恶关系和利益纠纷。

可见，要想对某事作公平的论断，超然事外将会使自己的思路得以拓展。而且迷于局内时，可以先将此事放一放，别让思路限于一隅。可事情往往并不等你避开就劈天盖地而来，这时必须以清醒的头脑、公正的心态把个人的恩怨、毁誉放到一边，一心一意地去把事情办好。

春秋时期，晋灵公动用大批人力物力，准备修建两座九层高台以供享乐之用。因工程浩大，三年都没有竣工，劳民伤财，民怨沸腾。晋灵公为堵住众臣的进谏，竟然下诏说：任何人都不得有异议，否则杀头。

有个叫荀息的官吏很不满，上书求见。晋灵公张弓搭箭专等荀息到来，只要荀息一开口提这事，就打算射死他。

谁知荀息见了晋灵公，并没有提及此事，而是很轻松地说：“我哪里敢给大王提什么意见，只想表演个小把戏。我能把十二个棋子堆起来，在上面还能摆九个鸡蛋，不知大王您相信不相信？”

晋灵公听了觉得很新奇，便让荀息表演给他看。荀息堆起十二个棋子，然后一个一个地往上放鸡蛋。

一旁观看的人担心鸡蛋会掉下来摔碎，都紧张地屏住呼吸。晋灵公也十分紧张，连喊：“危险！危险！”

荀息说：“这算什么危险？还有比这更危险的呢！”

晋灵公问：“什么比这更危险呢？”

荀息趁机对晋灵公说：“九层的高台三年尚未竣工，老百姓都去筑台，国内已没有男人耕田，没有女人织布了。国库空虚，百姓困乏，邻国就会抓住机会进犯我们。国家眼看就要灭亡了，大王您不感到危险吗？”听了这一番话，晋灵公终于有所体悟，于是下令停止建台。

荀息摆蛋谏晋灵公，在于他置身于事外，看得清事情的是非曲直。而沉浸在荒淫中的晋灵公却完全不知晓，一心只顾自己的享乐。经荀息一点拨，如当头棒喝，终于警醒。

如果人人只考虑自身的利益，而没有明辨事物本身的利害，势必各自有各自的想法，很难统一，就难以齐心协力将事情完成。

做事情，只有亲自参与其中，并且忘却个人的利害，了解实际的情况，才有发言的资格。而有资格议论的人，一定要能够知道事情的利害得失，这样才能够提出有利的建议，不至于到头来一场空。就算是没能够亲自参与其中，也要多方面地观察与调研事物的发展与变化，真正做到明晓事物的利害之后，再提出建设性的建议，或是做出有意义的行动。

所以，人们最好拥有一颗明辨是非利害之心，才能爱憎分明；有衡量判断，才能不为外界所惑；分明对错善恶，才知荣辱廉耻，才不会在纷繁复杂的世间丧失基本的为人之道。

消除急躁情绪，行事不急功近利

原文

伏久者飞必高，开先者谢独早。知此，可以免蹭蹬之忧，可以消躁急之念。

意译

潜伏很久的鸟，会飞得很高；花朵盛开得早，也会凋谢得快。明白了这个道理，就可以免去怀才不遇的忧虑，可以消除急躁求进的念头。

清心智慧

急躁心态通常是使人走向失败的陷阱。在现实生活中，不少人学习投机钻营的“成功哲学”，不扎扎实实努力，而是急功近利、投机取巧，这种态度势必会使工作大打折扣，久而久之，也必定会影响事业的进一步发展。所谓“机关算尽太聪明”，到头来，终是“聪明反被聪明误”。

要知道，“千里之行，始于足下；合抱之木，生于毫末；九层之台，起于垒土”。要促成事物的质变，必须首先做好量变的积累工作。如果不愿脚踏实地、埋头苦干地努力，而是急于求成、拔苗助长，或者急功近利、企求"侥幸"，就不可能取得成功。

拔苗助长的故事，大家耳熟能详。庄稼的生长是有其客观规律的，人无力强行改变这种规律，但是那个宋国人不懂得这个道理，急于求成，一心只想让庄稼按自己的意愿快点长高，结果适得其反，让自己所有的辛苦都付诸东流。其实，万事万物都有其自身的发展规律，我们做的所有事情也都受到客观情况的限制，做事必须循序渐进而不能急于求成。正如哲人所说的："违背客观规律的速成就是在绕远道"，只有尊重事物发展规律并付出踏实的努力才能获得最终的成功。

有一个农夫挑着一担橘子进城去卖，但天色已晚，城门马上就要关了，而他还有二里地的路程。这时迎面走来一个僧人，他焦急地赶上前去问道："小和尚，请问前面城门关了吗？"

"还没有。"

僧人看了看他担中满满的橘子，问道，"你赶路进城卖橘子吗？"

"是啊，不知道还来不来得及。"

僧人说："你如果慢慢地走，也许还来得及。"

农夫以为僧人故意和自己开玩笑，不满地嘀咕了两声，又匆忙上路了。他心中焦急，索性小跑起来，但还没跑出两步，脚下一滑，满筐橘子滚了一地。

僧人赶过来，一边帮他捡橘子，一边说："你看，不如脚步放稳一些吧？"

由此可见，农夫急于求成，一味求快，结果却快中出错，不但耽误了时间，而且给自己造成更多的负担。其实，工作亦是如此，欲速则不达。积极与速度并非同义词，速度与效率也往往不成正比，与其在手忙脚乱中浪费时间，不如张弛有度，井然有序地设计好每一步要踏出的距离，也许你会收获到意想不到的效果。

古时候，有一个年轻人外出寻宝，在经历了千辛万苦后，他终于在热带雨林中找到了两棵世界上稀有的树木。这种树木的树心散发着浓郁的香味，即使把它放入水中，它也会不浮反沉。这令年轻人非常兴奋，于是就拖着这两棵珍贵的树到集市上去卖。然而，整整一个上午过去了，别人的生意都很好，但年轻人的这两棵树却无人问津。就在年轻人苦恼的时候，他看到旁边卖炭的人生意很好，于是灵机一动，就把自己的树也烧成木炭。结果这个年轻人很快就将木炭卖光了。他揣着钱袋回家，高兴地把此事告诉了他的父亲。

当父亲听说情况后却连声惋惜，他为自己的孩子急于求成的心态感到十分遗憾。他对孩子说："你所找到的正是世上最珍贵的沉香树啊，从它上面切一小块磨成碎末，价钱也顶过你卖一年的木炭了。"听到父亲所说的话，年轻人感到十分后悔，但已追悔莫及，只恨自己有眼无珠，白白糟蹋了珍贵的宝物。

在现实生活中，这种急功近利的人也不少，他们来也匆匆，去也匆匆，以至于在他们的人生履历上除了一个逗号，就是句号了。可见，急于求成，心态浮躁，会把最简单、最熟悉的小事都办糟，更何况富有挑战性的大事呢？

现代社会中的每个人都在为自己的梦想而奋斗，这个过程是长期且枯燥的，需要一步一步坚实地踏出，没有所谓的捷径。虽然在实现梦想的过程中，会面临着很多诱惑，出现很多所谓的"捷径"，但是这些并不能帮你实现梦想，只能让你距离自己的梦想越来越远。真正实现梦想的过程是一个不断沉淀，不断积累，然后厚积薄发的过程。这个过程，容不下三心二意，容不下朝秦暮楚，只有以敢于“独上高楼，望尽天涯路”的甘于寂寞的心，沉浸在自己的梦想实现过程中，并为之进行“衣带渐宽终不悔，为伊消得人憔悴”的努力，才能够收获“那人却在灯火阑珊处”的美景。

有心向善，不可急于让人知道

原文

为恶而畏人知，恶中犹有善路；为善而急人知，善处即是恶根。

意译

一个人做了坏事而怕人知道，可见这种人还有羞耻之心，也就是在恶性中还保留几分善念；一个人做了善事而急于让人知道，就证明他做善事只是为了贪图虚名和赞誉，那么在他做善事时，已种下了可怕的祸根。

清心智慧

俗话说："人之初，性本善。"虽然每个人从生下来那天就是善良的，可是随着时间的发展，内心还能真正保持最初的本性的人真是少之又少。在现实生活中，人难免会犯错误，做错事，之所以害怕别人知道，是因为内心还保存着善念，是这些善念导致自己愧疚、自责、担心别人责怪自己。从某种程度上来说，这是一种真的善，因为他的内心是向善的。

可是，有些人在社会上做一些善举，比如帮助贫困家庭等事情，他们内心迫切地希望自己所做的善事能够让天下所有人都知道，以此来扬名立万。这样的人就不是真的善，他们之所以会这么想，是因为内心的恶念在作祟，是一种伪善的表现。所以，我们要想保持自己的初心，就应该让心向善，才能逐渐地达到至善。

要知道，善是人性中固有的一种美德。善行既可以帮助身处困境中的人，又可以使助人者自己的心灵得到慰藉，使自己的修养得到提升。相反，内心产生了恶念，就要及时加以制止，否则最多只能做到伪善，而不是真善。

善的概念也不是绝对的，我们也要知道在什么时间什么场合做什么事情才是善，否则就很可能"好心做坏事"。

春秋时期，鲁国制定了一条法律，如果鲁国人在外国看见同胞被卖为奴婢，只要他们肯出钱把人赎回来，那么回到鲁国后，国家就会给他们以赔偿和奖励。这条法律执行了很多年，很多流落他乡的鲁国人因此得救，得以重返故国。

之后，孔子一名富有的学生子贡为了宣扬这种善行，自己从国外赎回了很多鲁国人，但是，他却以"义举是不需要付报酬的，否则就不是义"为理由拒绝了国家给他的奖励。他自认为这样做既可以帮助鲁国人回国，又可以为鲁国减少一些财政负担。

但是，当孔子知道这件事情以后，他批评子贡，说子贡的这个“义举”害了无数鲁国人。子贡不解，便问孔子。孔子说，鲁国的法律讲求的不过是一个“义”字，只要有人看见同胞落难而生出恻隐之心，从而带同胞回国，就可以成为一件善事。而国家也会出于“义”给予行善人一定的补偿和奖励，从而不让行善人在利益上受损。这样的话，愿意做善事的人会越来越多的。但是，你的所作所为只是让你自己获得了好名声，却没有想到，你做出不求回报的行为之后，会让其他人提高对“义”的要求，让他们认为行善就应该不图回报，就不应该向国家索要什么。那么那些赎回同胞而索求补偿的人就会受到其他人的嘲笑，这样，谁还愿意再去救助自己的同胞呢？你这是把“义”和“利”对立起来了，所以不但不是善行，反而是恶举。

之后，果然如孔子所说，很多人因为没有子贡那么富有，也因为担心自己向国家索要补偿被人嘲笑，所以都假装看不见那些落难的同胞。这样，很多鲁国人都流落在外，不得归国。

一味地去“做善事”并不一定就能达到好的效果，一厢情愿地行善而没有考虑到利于大众的大善，善举很可能变成恶行。这样的行善做法不值得提倡。

一位名叫冕的大乐师来看孔子。古代的乐师多半是瞎子，孔子出来接他，扶着他，快要上台阶时，告诉他这里是台阶了。到了席位时，孔子又说这里是席位了，请坐吧。等大家坐下来，孔子就说某先生在你左边，某先生在你对面，一一详细地告诉他。

等乐师冕走了，子张就问：“老师，你待他的规矩这样多，处处都要讲一声，待乐师之道，就要这样吗？”孔子说：“当然要这样，我们不但是对他的官位要如此，对这样眼睛看不见的人，在我们做人做事的态度上，都应该这样接待他。”

孔子心中的善意，不用言表，信手做来，对他而言，帮助看不见的乐师，也是一件非常快乐的事情。善良不是出于勉强，它是像甘露一样从天降下尘世，不求回报，不求扬名，不但给幸福于受施的人，也同样给幸福于给予的人。

一个人不置身事外，勇敢地入世行慈悲事宜，这种没有任何附加条件的善，正是生命的最高道德。所以，我们要不断修炼和净化自己的内心，以最初的善心来对待万事万物，这样才能达到极高的人生境界。

第十二章

君子宁居无不居有，宁居缺不处完

——处世成人的智慧

心体光明，让竞争对手无机可乘

原文

心体光明，暗室中有青天；念头暗昧，白日下有厉鬼。

意译

心中光明磊落，即使是在黑暗的地方，也如同在晴朗的天空下一样；心中邪恶不正，即使在青天白日下也像有恶鬼一样。

清心智慧

大千世界可以引起人们的万端思绪，如果一个人平时不能加强自己的修养，无法做到光明磊落很可能就抵制不住邪恶的诱惑。因为外界的善恶、正邪、美丑现象，实际上又是人们内心的反映，每个人做事都从自己的认识出发，心地邪恶的人就难以正确认识人生，而往往把人的善行看作恶意，把别人的正直之言看作邪念。

这就如同一个心中快乐的人看见花就觉得美。一个心中忧愁的人看见花并不觉得美，善恶、正邪、美丑往往是存乎一念，不管是明里还是暗里，不注意修省，而私欲横生，遇事就不可能有正确的认识。心地光明的人则任何时候都影正行端，做事自能光明磊落、公平合理。

明武宗时，宁王朱宸濠叛乱，宦官张忠和朱泰想坐收渔翁之利，便鼓动武宗御驾亲征。

正当他们打着如意算盘时，前线平叛的王守仁传来生擒朱宸濠的捷报。张忠和朱泰的阴谋未果，自然会对王守仁记恨在心、谋求报复。他们大肆散播流言，诽谤王守仁本来就与宁王有私通，又怂恿随驾军士肆意辱骂王守仁，甚至故意冲撞王守仁的出行仪仗，有意挑起事端。

王守仁却丝毫不为所动，一边以礼相待，一边预先派遣手下官吏通告市民，让他们暂时先移居乡下，家中留下能看守门户的人就可以了，以免殃及百姓、增加纠葛。

捷战后，王守仁本已准备犒赏随驾亲征军队，但朱泰等人却威胁将士、强行命令军中将士不得接受赏赐。王守仁得知此事后，知道是朱泰和张忠等人有意离间他和将士们的关系、挑起军民矛盾，便传谕百姓说，很多人背井离乡来此征战，忠心可嘉，但却十分辛苦，为了表达我们的感谢，本地居民当尽主人之谊，好生厚待他们。自此但凡军队中有人死亡时，王守仁一定亲自前去慰问，并赏给很多助葬之资，尽量抚慰。

按照当地的风俗习惯，冬至时节是人们祭奠亡灵的日子，每家都会到坟上亲手为死去的亲人焚送“寒衣”。那一年冬至将至时，王守仁便让城中军民举行祭奠仪式。

因为平定朱宸濠之乱的战事刚刚结束，而且战乱中死去亲人的人为数甚多。所以这一年百姓中哭吊亲人、酹酒遥奠的人特别多，成片的哭泣之声几乎要将这座城池哭动了。这时王守仁身在哭泣的人群中，和大家一起把伤心悲痛的泪水洒在斑驳的土地上。随驾大军触景生情，潸然泪下。

因为王守仁的仁厚正气被越来越多的人看在眼里，军士们、百姓们不再被谗言和威胁所左右，打心底里敬佩王守仁。

王守仁心体光明，毫无暗昧之念，面对没有事实根据的谗言忍辱负重、以诚感人，最终张忠等人的谎言不攻自破。这实在是“心体光明，暗室中有青天”的真实演绎。古人云，“君子坦荡荡，小人常戚戚”，既然如此，那我们不妨学一学王守仁的为人处世之道。在现实生活中，一个看透了世间的学问、心无秽物的人，永远不会被别人的谎言束缚住继续公正为善的手脚，更不会感到迷茫而失去心灵的自由。

有的时候，一个人心中的太阳会照亮整个世界。我们总是希望从别人那里得到很多，如希望从上司那里得到赏识、提拔，从朋友那里得到信任、支持，从爱人那里得到关爱、体谅……其实这些都只是后话，当我们做好自己，保持光明磊落的心境，这些都会水到渠成地进入我们的生活。

留一步与人过去，减三分与人同尝

原文

径路窄处，留一步与人行；滋味浓的，减三分让人尝。此是涉世一极安乐法。

意译

在经过狭窄的道路时，要留一点余地让别人走得过去；在享受甘美的滋味时，要分一些给别人品尝。这就是为人处世中取得快乐的最好方法。

清心智慧

并不是一切情况下都是狭路相逢勇者胜。例如，有时走山边小路不能两人同时通过，如果争先恐后就有坠入深渊的危险，在这种情况下自己要先停住脚步，让他人过去才算有礼貌，也最安全。自己在吃美酒佳肴时，不可以总是一个人独享，要想想周围还有许多不如自己的人，否则人们可能由于妒忌而产生想法。甚至古人扫墓祭祖也一定要拿出一些酒菜送给周围的游魂野鬼享用，他们相信不这样做，供给祖先的酒菜就会被游魂野鬼抢光，这虽然是迷信，却说明了人的一种为人处世的心理。

其实，留一步，让三分，是提倡谨慎处世为人的方式，可以理解为人们通常所说的谦让美德，适当的谦让不仅不会为人招致危险，反而是寻求安宁的有效方法。生活中，汽车行驶提出“宁等三分，不抢一秒”，既是为了安全，也表现出谦让。个人生活中，除了原则问题必须坚持，对小事、个人利益相互谦让就会带来个人的身心愉快，带来和谐的人际关系。

战国时期，楚梁两国交界，两国在边境上各设界亭，亭卒们在各自的空余土地里种了瓜菜。梁国的亭卒勤劳，锄草浇水，瓜秧长势喜人；而楚国的亭卒懒惰，不务农事，瓜秧瘦弱，与梁亭瓜田的长势有天壤之别。楚国的亭卒心生忌妒，于是，趁着夜色，偷跑过境把梁亭的瓜秧全给扯断了。

第二天，梁亭的人发现自己的瓜秧全被人扯断了，气愤难平，报告给边县的县令宋就，请示将楚亭的瓜秧扭断。宋就说：“这样做当然很解气，可是，我们明明不愿他们扯断我们的瓜秧，那么为什么还反过来要扯断别人的瓜秧呢？别人不对，我们再跟着学，那就太狭隘了。从今天起，我们每天晚上悄悄去给他们的瓜秧浇水，让他们的瓜秧长得好。”梁亭的人虽然不解，但也不得不照办。

渐渐地，楚亭的人发现自己的瓜秧长势一天好过一天，每天早上给瓜秧浇水时发现瓜田都被人浇过了，经过暗查明白原来是梁亭的人在黑夜里悄悄为他们浇的。楚国的边县县令听到亭卒们的报告后，感到十分惭愧和敬佩，于是把这件事报告给了楚王。

楚王听说这件事后，感于梁国人修睦边邻的诚心，特备重礼送给梁王，以示自责，也以此表示酬谢，最后两国成了友好的邻邦。

有时候，宽阔的心胸就是那滋养瓜秧的水，释怀自己，也感动别人。狭窄心胸永远不可能孕育根深枝茂、郁郁葱葱的参天大树。梁国的人，不但忍了一时、退了一步，更是以德报怨，令人佩服。但在现实生活中，并不是每个人都像梁国人一样面对冲突，选择忍让，很多人会选择对抗。

曾有人以杯子和湖泊容量的小与大做比喻化解人们心中的抱怨和争抢。他说："生命无论长短总归是有限的，而痛苦就像水中的盐分，所以痛苦也是有限的。我们品味到的生活滋味，不取决于痛苦的多少，而在于心胸的宽窄。宽阔的胸怀，就像湖泊一样，淡化咸涩的痛苦，让我们尝到微咸或甘洌；狭窄的心胸，容不开郁积的痛苦，只会让人感到奇苦无比。"既然人生注定要接受苦涩的盐，为何不在杯子和湖泊中选择后者，淡化别人给的、自己造的苦涩，历练出一个宽阔的胸怀，再去丈量人生的舞台呢?

现在是一个讲求效率的时代，人们都希望在最短时间内完成更多事情，每天都像挤独木桥一样谨小慎微、忙忙碌碌，却不愿停下来想一想，为什么挤破头皮也收效不大。事实上，狭窄的道路，如果我们都争先恐后地往前挤，道路只会让人觉得越来越窄，而每个人退后一步，道路自会宽平些许。

这就是《菜根谭》中赞赏的处世方法：与人无争，就能收获一份从容；与物无争，自会育抚万物。多一些忍让和分享，就会让幸福延散、持久。生活中，无论是欲成大事的人，还是想安安稳稳过生活的人，都需要这样的胸怀，才能把万事万物、快乐忧伤都转化为自己的能量，心平气和地接受生活，接受自己。

折其两端取平衡，做事不要过于极端

忧勤是美德，太苦则无以适性怡情；澹泊是高风，太枯则无以济人利物。

意译

尽自己的努力去做好事情本来是一种美德，如果过于认真，把自己弄得太苦，就无助于调适自己的性情而使生活失去乐趣；淡泊本来是一种高尚的情操，如果过分清心寡欲，就无法对他人有所帮助。

清心智慧

正所谓“过犹不及”“物极必反”，不论人们做什么事，都要如同烧菜需要掌握火候一样，通过适度选择把事情处理好。若做事没有分寸，不留余地，到头来，本来应得的成功就会在片刻之间化为乌有。

人在社会中，不可能远离是非，因此行事必须深浅有度，适可而止。保持深浅有度、恰如其分是为人处世的最高境界，过于锋芒毕露往往为世俗所不容，过于委曲求全又被视为软弱，只有外圆内方、刚柔相济，才能在纷繁复杂的人际关系中周旋有术，游刃有余。

一次，子贡问孔子："老师，颛孙师和卜商相比，谁更贤德一些？"

孔子回答说："他们都很贤德，只是颛孙师做得过了，而卜商做得稍显不够。"

然后子贡又问："那么，颛孙师比卜商更好一些吗？"

孔子却回答说："过犹不及。"

这个故事告诉我们，在为人处世时，做得过分和做得不足对结果来说都是一样没有意义的。任何事情都要讲究适度原则，凡事掌握一个度，才有可能避免使我们的劳作偏离本来的目标。实际上这种智慧是儒家中庸思想的另一种表达。

"中庸"即中和，不是说人活着要平庸、碌碌无为，而是换种方式活：不亏不盈，可进可退，不急不缓、不过不及、不骄不馁，从而得到人生大智慧与为人处世中较为完美的平衡点。这样的活法是儒家心中的妙境，也是我们普通人需要的一种处世智慧和难能可贵的品德。为人也好，做事也罢，不偏不倚才能正中目标。道理虽简单，但真正实行起来却不那么容易。《尹文子·大道上》中的一个故事正好可以说明这一点。

齐国有一个姓黄的老相公，他有两个女儿，都长得十分漂亮，堪称国色天香。但这位黄公每与人谈起他的两个女儿，总是"谦虚"地说："小女质陋貌丑，粗俗蠢笨。"这些话被一传十、十传百，以致他两个女儿因"丑陋"远近闻名，直到过了婚嫁的年龄，仍无人求聘。后来有个鳏夫，因无钱再娶，无奈之下，便到黄公门上求婚。黄公因大女儿年龄已大，也不再考虑是否合适，便一口答应了。婚礼完毕，这位新郎揭开新娘的盖头一看，不禁大喜过望，原来自己娶到的竟然是一位绝代佳人。消息传开，人们才知道黄公言之不实，于是一些名门子弟竞相求娶他的小女儿。

齐国黄公本想得到一个谦虚的美名，但由于他谦虚过分，反而耽误了大女儿的青春，这就是“过犹不及”，真是得不偿失。因此，做什么都应该适度。这个度是指办事的分寸，其实也是一条警戒线。它是规定事物性质的数量界限。超越这一界限，事物就会向反面转化，并且带来不良后果。

可是在生活和工作中，最难掌握的就是这个度。勤于事业，忙于工作，固然是一种敬业美德，但如果每天都紧绷神经，过分担忧自己的业绩，就会使自己疲惫不堪。工作是一种追求，但是如果让工作成为生活的全部，那么一个人的身心修养就会被疏忽以致失去生活的乐趣。

反过来讲，淡泊名利，清心寡欲纵然是一个人修身养性的至高境界，如果他过分执着于此高尚情操，逃避社会，以致不食人间烟火，那么他便会成为一座孤岛，自己苦闷不说，对于别人对于社会也无所帮助。这两点正是《菜根谭》中指出来警示我们要避免的两个极端。

其实，要想工作有实效，生活有趣味，人们只要学会折其两端、取其平衡，尽量做到不偏不倚即可。做人不要抱过分的想法，不要过高或过低地估计自己，找到自己合适的定位，这才是每个人应当重视和思考的。

召福远祸须养喜神去杀机

原文

福不可徼，养喜神以为召福之本而已；祸不可避，去杀机以为远祸之方而已。

意译

福分不可强求，只有保持愉快的心境，才是追求人生幸福的根本态度；祸患不可逃避，只有排除怨恨的心绪，才是远离祸患的办法。

清心智慧

对人们来讲，幸福一定是不可强求的。因为上天不会无缘无故地把幸福赏赐给你，所以要想追求幸福还须靠奋斗获得。而且，追求幸福一定是抱以平和心态，不要注入过分高的期望，避免失望过大引起的巨大心理落差。只有在奋斗时抱着只问耕耘不问收获的达观态度才能保持一种乐观。

如此一来，即使不去刻意追求幸福，幸福也会因你的努力而到来。世人对幸福总是争先恐后，一遇灾祸则都想逃避。可逃避不是解决问题的办法，只有心存忠厚，多反省自己，少怨恨别人，才可能远离灾祸。这样虽然不一定有福降临，但也绝不至于招来祸患。

人间的幸福美得像极光却让人缺乏真实感，但只要能让宽广的心域像海稀释盐分一样淡化悲伤从而衍生愉悦，也就有了追求人生幸福的基础；人间的灾祸难以避免，只有消除怨恨他人的念头，才是远离灾祸的良策。

每个人的生活总要有他人参与，从而总是免不了与他人产生矛盾，对此失去耐性甚至动怒、记恨，必然会引起人际间的冲突。而任何一个精神愉快、有所作为的人都不会让这种消极的情绪、仇恨的心理跟随自己，所以我们要学会放宽心境。

有这样两句话："一只脚踩扁了紫罗兰，它把香味留在那脚跟上，这就是充满馨香的宽容。""世界上没有定格的福与祸，只有因心胸不同而产生的福祸相依。"

塞翁是一个善于推测人事吉凶祸福的人，见得多了，也许就想得开了。塞翁对待自己的事，总是很淡然。

有一天，他的马跑进了胡人的境地。人们以为他会因此而难过，纷纷前来劝慰，然而塞翁反而笑笑说："我的马虽然走失了，但说不定会有好事发生呢！"

几个月后，这匹马果然跑回来了，而且一匹胡地的骏马也随之而来。人们纷纷来道贺说塞翁家好运气，塞翁却有些担忧地说："这匹骏马恐怕会招来不好的事。"

塞翁的儿子很喜欢骑马，对这匹意外得来的骏马当然爱不释手。有一天儿子骑着这匹骏马出去游玩，骑到忘情时不小心从马背上摔了下来，而且还跌断了一条腿。

人们想到塞翁的惊喜一下子变成了他儿子的祸事，觉得塞翁肯定会很伤心，便又来到塞翁家中安慰塞翁。没想到塞翁反而淡淡地对大家说：“虽然我的儿子摔断了腿，也未必不是件好事。”这样一而再、再而三，邻居们都觉得塞翁肯定糊涂了，该喜的时候不喜，该悲的时候不悲，就兴味索然地走了。

不久之后，胡人进犯，当地官府要求所有青年男子都要去服兵役。大家都知道胡人的剽悍,参加此次战争基本上有去无还。最后塞翁的儿子因为腿上有伤没有去成，反而保全了自己的身家性命。

直到此时，人们才领悟出塞翁的不喜不悲其实是因为心怀生活的智慧。

人们生活在这个世界上，必须协调的生活层面太多了。例如，在社会上如何与亲族、朋友取得协调；在教养上，如何与师长们取得沟通；在经济上，如何量入为出；在家庭上，如何培养夫妻、亲子的感情;在健康上，如何使身体强壮;在精神上，如何选择自己的生活方式。面对此种境遇，唯有宽容有能力解决问题。不要让一些小事情影响我们一天的好心情。争强好斗只能两败俱伤，宽心却能造就安宁与温馨。

“宽心”两字包含着人生的大道理。一个人的心域如果不够辽阔，他的生活就会像不会流动的水一样，不能净化、稀释生活中的压力、悲伤和祸事，这样我们就不会在困难面前保持淡定，不会在惊喜面前保持冷静，从而可能做出后悔的事。

在现实生活中，对眼前的困难看淡些、用些心力去克服，困难就是方法和成功的跳板。同样，对眼下的幸福和平顺的境遇看得远些，就能避免使幸福成为祸事的转弯之地。

心宽常怀恩泽，待人心胸开阔

原文

面前的田地，要放得宽，使人无不平之叹；身后的惠泽，要流得久，使人有不匮之思。

意译

待人处世要心胸开阔，与人为善，使人不会有不平的怨恨；死后留下的福泽，要能够流传得长久，才会赢得后人无穷的怀念。

清心智慧

人生在世，究竟该怎样做人从古至今一直是人们争论的一个话题。是“争一世而不争一时”，还是“争一时也要争千秋”，是只顾个人私利不管他人“瓦上霜”或损人利己，还是为社会、为人类做有益的事，做些贡献？

这实际上是两种世界观的较量。生活中，一个心胸狭窄的人，凡事都跟人斤斤计较，如此必然招致他人的不满。人在世时宽以待人，善以待人，多做好事，遗爱人间必为后人所怀念，所谓“人死留名，虎死留皮”，爱心永在，善举永存。而恩泽要遗惠长远，则应该多做著书立说、修桥建校之类能在人心和社会上长久留存的善举。只有多为别人想，心底无私，眼界才会广阔，胸怀才能宽厚。

天地生养万物，默默奉献无所欲求，所以老子说天地之所以能够长久存在，是因其“不自生”并“故能长生”。天地自然而生，不为物，不为人。天地的“不自生”，正是天地极其自私的表现。然而天地恩泽不断，所以天地的“极私”，其实也是天地的“至公”。

从个体生命来看，生死仿佛为不幸之事，但从天地长生的本位来说，生生死死，只是万物表层的变相。万物与天地本来便是一个同体的生命，天地能生能死的功能，并没有随个体生死的变化而消灭，它本来便是一个整体的大我，无形无相，生而不生，真若永恒似的存在。当一个人不被小节拘束，更不为他人、外物所影响时，就会无形中放宽自己的视野和心胸，从而成就自己的人生。

西汉有个叫朱买臣的人，家境贫寒却十分钟爱读书，只好一边靠打柴卖钱维持生计，一边潜心读书。所以人们经常会在大街上看到他负薪读书的身影，并对他赞赏有加。

但是和他一起走路的妻子，却认为这件事很丢人，便跟他发脾气，指责他在途中诵读有失体统。谁知，朱买臣不但不听从，还把读书的声音提高了。

他的妻子恼羞成怒，便打算离开他。朱买臣说：“我五十岁时就会富贵的，你已经跟我吃了这么多年的苦，再等我几年不行吗？”妻子生气地说：“像你这样的穷书生，只会饿死，哪儿有可能富贵？”于是妻子改嫁他人，弃朱买臣于不顾。

朱买臣后来因同乡庄助推荐，得到武帝赏识，并坐上了会稽太守的职位。朱买臣赴职时正赶上郡邸官吏开怀畅饮。因为朱买臣穿着朴素，所以官吏们对他不理不睬。

闲来无趣，朱买臣便和守门人吃喝起来。酒足饭饱后，朱买臣不小心将怀内印章丝带露了出来。守门人拔出丝带，发现眼前这个人就是新上任的太守，急忙出门向众吏报告。

众人异常畏惧，战战兢兢。朱买臣衣锦还乡，受到当地人的热烈欢迎，场面十分壮观。朱买臣在路边看见前妻与其夫，便令后车同载而归。

朱买臣相信有才必能尽其用，忘我读书，胸怀广阔，根本没有不平之叹。而他的妻子却正好相反，放不下富贵，敞不开心胸，最后和富贵擦肩而过，更重要的还成了嫌贫爱富的负面代表。

这一正一反的结局正好是对“面前的田地要放得宽，使人无不平之叹；身后的惠泽要流得久，使人有不匮之思”这句话的经典阐释。其实，视野放远了，自然不会担心成功来得太晚，心胸广了，自然不会占据别人的领空。

荣不独享，辱不避污

原文

完名美节，不宜独任，分些与人，可以远害全身；辱行污名，不宜全推，引些归己，可以韬光养德。

意译

完美的名声和高尚的节操，不应该自己独自拥有，与大家共同分享这些名节，可以避免发生祸害之事而保全自己；令人耻辱的事情和不利于己的名声，不应该全部推到别人身上，自己主动承担几分责任，才能够做到收敛锋芒而修养品德。

清心智慧

从历史上看，有赫赫功绩的人，常常会遭受他人的嫉妒和猜疑，历代君主多半都杀戮开国功臣，因此才有“功高震主者身危”的名言出现。只有像张良那样功成身退善于明哲保身的人才能防患于未然。

所以君子遇到好事，总要分一些给其他人，绝不自己独享，否则易招致他人的怨恨甚至杀身之祸。完美名节的反面就是败德乱行，人都喜欢美誉而讨厌污名。污名固然能毁坏一个人的名誉，然而一旦不幸遇到污名降身，也不可以全部推给别人，一定要自己面对现实承担一部分，使自己的胸怀显得磊落。只有具备这样涵养德行的人，才算是完美而又清高脱俗的人。让名可以远害，引咎便于韬光，这本身就是处世的一种良策。

曾国藩初入仕途时锋芒太露，处处遭人忌妒、受人暗算，咸丰皇帝也不信任他。1857 年 2 月，曾国藩的父亲曾麟书病逝，朝廷给了他三个月的假，令他假满后回江西带兵作战。

曾国藩上疏试探咸丰帝，说自己回到家乡后念及当今军事形势之严峻，日夜惶恐不安。咸丰皇帝十分明了曾国藩的意图，他见江西军务已有好转，而曾国藩不过是大清王朝的一颗棋子，授予实权则休想。

于是，咸丰皇帝朱批道："江西军务渐有起色，即楚南亦就肃清，汝可暂守礼庐，仍应候旨。"假戏真做，曾国藩真是欲哭无泪。在内外交困的情况下，曾国藩忧心忡忡，遂导致失眠。朋友欧阳兆熊借用黄、老来讽劝曾国藩，暗喻他过去所采取的铁血政策，未免有失偏颇，锋芒太露，伤己伤人。面对朋友的规劝，曾国藩陷入深深的反思。

经过多年的宦海沉浮，曾国藩深深地意识到，仅凭他一己之力，是无法扭转官场这种状况的，如若继续为官，那么唯一途径就是去学习、去适应。"吾往年在官，与官场中落落不合，几至到处荆榛。此次改弦易辙，稍觉相安。"此一改变，说明曾国藩日趋成熟了。

攻下金陵之后，曾氏兄弟的声望可以说是如日中天，达于极盛，曾国藩被封为一等侯爵，世袭罔替。但树大招风，朝廷的猜忌与朝臣的妒忌随之而来。所以不等朝廷的防范措施下来，曾国藩就先来了一个自我裁军。

曾国藩意识到鸡蛋是不能与石头碰的，既然不能碰，就必须改变思路、明哲保身。他在两江总督任内，便已拼命筹钱，两年之间，已筹到550万两白银。钱筹好了，办法拟好了，战事一结束，即宣告裁兵，不要朝廷一文，裁兵费早已筹妥。

曾国藩曾引用过管子的“斗斛满则人概之，人满则天概之”这句话，用以概括自己仕途上的圆熟通达的哲学理念。曾国藩的一生，曾因为锋芒毕露、铁血无情而落落不合，也曾因深谙老庄之法，不独享美名、正视责任而进退自如。其中的拐点就在于“完名美节，不宜独任，分些与人，可以远害全身”。

人在功高位显之时更应该洞悉世态人情之险，保持低调通达的作风，不让自己侵犯他人的空间，才能确保成就一个人应有的功德。

在现实生活中，努力进取、坚持不懈的行为无疑是值得肯定的。然而，在复杂的人生道路上，既需要有为有守，也需要有所放下有所分享。交友时，适时地分享，可以收获朋友的真诚和帮助；工作中，懂得承担是一种坚忍的毅力和顽强的意志，可以让人获得意外的机遇。得意之时，与人多一些分享，狭隘的人生之路就多一分畅达；关键时刻，自己多一分承担，就多一次人生的历练。

重视自己的价值，不可妄自菲薄

原文

前人云："抛却自家无尽藏，沿门持钵效贫儿。"又云："暴富贫儿休说梦，谁家灶里火无烟？"一箴自昧所有，一箴自夸所有，可为学问切戒。

意译

前人说："放弃自己家中的大量财富，却模仿穷人拿着钵沿街去乞讨。"又说："一个突然暴富的穷人，千万不要老向人家夸耀自己的财富，其实哪个人家的炉灶不冒烟呢？"这两句谚语，一句是用来忠告那些不认识自己德行的人，一句是用来忠告那些夸耀自己财富的人，这些都是做学问的人必须彻底戒除的事。

清心智慧

俄国大文豪托尔斯泰曾说过："人不是因为美丽才可爱，而是因为可爱才美丽。"的确，要让自己的心灵变得美丽，最重要的是重视自己，先从自己身上发现美丽。其实每一个人都有自己的特长、优势，要学会欣赏自己、珍爱自己，为自己骄傲。没有必要因别人的出色而看轻自己，也许，你在羡慕别人时，自己也正被他人羡慕着。

每个人都是一颗闪光的星，都属于自己的星座。每个人都是一种宝石，没有人可以阻止它的光芒。想让自己成为焦点，想让别人重视你，一定先要重视自己，相信自己，从而战胜一切艰难险阻，向更高峰攀登。

从前，一位挑水夫有两个水桶，分别吊在扁担的两头，其中一个桶子有裂缝，另一个则完好无缺。在每趟长途挑运之后，完好无缺的桶子，总是能将满满一桶水从溪边送到主人家中，而有裂缝的桶子到达主人家时，却只剩下半桶水。

两年来，挑水夫就这样每天挑一桶半的水到主人家。当然，好桶子对自己能够送满整桶水感到很自豪。破桶子呢？对于自己的缺陷则非常羞愧，他为自己只能负起一半的责任而感到很难过。

饱尝了两年失败的苦楚，破桶子终于忍不住，在小溪旁对挑水夫说："我很惭愧，必须向你道歉。"

"为什么呢？" 挑水夫问道，"你为什么觉得惭愧？"

"过去两年，因为水从我这边一路地漏，我只能送半桶水到你主人家，我的缺陷，使你做了全部工作，却只收到一半成果。"破桶子说。

挑水夫替破桶子感到难过，他富有爱心地说："我们回到主人家的路上，我要你留意路旁盛开的花朵。"

果真，他们走在山坡上，破桶子眼前一亮，看到缤纷的花朵，开满路的一旁，沐浴在温暖的阳光之下，这景象使他开心了很多！

但是，走到小路的尽头，它又难受了，因为一半的水又在路上漏掉了！破桶子再次向挑水夫道歉。

挑水夫温和地说：“你有没有注意到小路两旁，只有你的那一边有花，好桶子的那一边却没有开花呢？外人或许只看到你的缺陷，但是我却认为你有价值并善加利用，在你那边的路旁撒了花种，每回我从溪边来，你都替我一路浇了花！两年来，这些美丽的花朵装饰了主人的餐桌。如果不是你，主人的桌上也没有那么好看的花朵了！”

很多人也是如此。他们每天只是患得患失，害怕自己做得不够好。其实，如果你拥有足够的勇气及自信的心态，就能“在自己的棺木上欣赏风景，在饥寒交迫时放声歌唱”。所以，不管你是一个怎样的人，都不要丧失自信，切忌自贬价值。

生活中，我们没有必要生活在他人的评论中，更无须将宝贵的青春挥洒给他人看。不会欣赏我们的人我们可以不予理会，但若不懂得欣赏自己，那就十分可悲了。如果你对别人说你不欣赏自己，那么你一定会遭到很多人的不解甚至是唾弃。一个对自己充满信心的人，才会获得别人的尊敬。

忙里要偷闲，闹中要取静

——闲适取静的智慧

忙里偷闲闹中取静，人生应当张弛有道

原文

忙里要偷闲，须先向闲时讨个把柄；闹中要取静，须先从静处立个主宰。不然，未有不因境而迁，随事而靡者。

意译

要在十分忙碌的时候抽出一点空闲时间松弛一下身心，必须先在空闲的时候有一个合理的安排和考虑；要在喧闹中保持头脑的冷静，必须先在平静时有个主张。如果不这样，一旦遇到繁忙或者喧闹的情形就会手忙脚乱。

清心智慧

《中庸》说："凡为天下国家有九经，所以行之者一也。凡事豫则立，不豫则废。言前定，则不跲。事前定，则不困，行前定，则不疚。道前定，则不穷。"的确，要做到临事不慌，就应当事先计划，静的时候就要有主张。而忙的时候要会求静，待人的道理也是这样。因此，待人做事要讲方法，保持心静，学会求静，张弛有度的生活才会增添更多乐趣。

《礼记·杂记下》记载，学生子贡随孔子去看祭礼，孔子问子贡说："赐（子贡的名字）也乐乎？"

子贡答道："一国之人皆若狂，赐未知其乐也。"孔子说："张而不弛，文武不能也；弛而不张，文武弗为也；一张一弛，文武之道也。"

其中，"张"是指弓拉得很紧，"弛"是指把弓放松，张弛结合比喻有时紧张，有时放松，有劳有逸，宽严相济。圣人的教诲犹在耳边，纵观历史，很多伟人并不是夜以继日地工作的；相反，适当的"张"与"弛"正是他们成功的秘诀。

鲁迅惯于夜深人静时秉烛而书，但他下午是必须休息以保持体力的。马克思常在长时间写作之余，写几首小诗，或演算几道数学题来调节大脑。现代文学巨匠老舍喜欢在写作的余暇时间去养花……

诸如此类张弛有道的活动，的确给他们带来了充沛的精神与活力。对我们普通人而言，既要努力工作、学习，又要生有所息，多给自己留些闲暇时间，培养自己的兴趣与爱好。这样，既能为工作和学习提供充足的动力，又能提高自己的生活质量和品位。当然，张弛有度亦指情绪状态的完美平衡。

谢安是东晋宰相，隐居东山时，时常与孙绰等人到海上游玩。

有一次船远离海岸，忽然大风骤起，波浪滔天，孙绰、王羲之等人都大惊失色，便建议赶快回去。谢安这时却神情激动，兴致甚高，吟诗吹箫，不为所动。船夫因为谢安神态安闲，心情舒畅，便继续向前摇船。

一会儿，风势更急，浪涛更高，大家更加不安，纷纷骚动起来，再也坐不住了。谢安不慌不忙地说："这样看来，是否可以回去？"大家立即响应，这才掉过船头，向岸边驶去。由这件事，人们认识了谢安不凡的气度，谢安处乱不惊，乱中取静，经世经国的相才也在此体现出来，难怪他能外安邻邦，内抚朝野，建功立业。

谢安处乱不惊的气度着实令人叹服。心宁智生，智生事成，从容、冷静是成大事者必备的素质。性格沉稳的人无论在生活中遇到任何挫折都不会悲伤、抑郁、绝望，而是沉着地寻找解决问题的方法。

每个人的一生都不可能风平浪静地度过。有时候，沉浮之际最重要的便是看他是否拥有从容的心态，是否能够冷静地直面困境。人生是一个未知的变数，谁也无法预料自己的命运，人们唯一能做的就是遇事不惊慌，沉着冷静，从容徐行。只有这样，才能领略人生的真谛，活出自己的精彩。

从容是一种心态，徐行是一种境界。遇危不乱，才能转危为安；处变不惊，才能应对自如。人活一生往往前路难定，有时难免陷入困境，在惶急之间，能静下心来，沉着应对，方能扭转大局。凡遇大事须静气，平心静气是一种姿态，一种气度，一种修养。冷静之中的决定往往是摆脱困境的最佳方案，同时冷静也是一种智慧，以静待变，乱中取胜！

生活之乐不应舍近求远

原文

得趣不在多，盆池拳石间，烟霞俱足；会景不在远，蓬窗竹屋下，风月自赊。

意译

要想感受到生活的情趣并不在东西的多寡，即便一小池清水，几块怪石，也可欣赏到山水间无尽的景色；领悟自然的美景不在远近，即便在草窗竹屋之下，也可以感受到清风明月的悠闲。

清心智慧

一位伟人说得好："敢问图书馆中在座的诸君，谁不曾梦想浪迹天涯？"几乎每一个读书人在年轻时都有一种浪迹天涯的冲动。远方充满了神秘的召唤，未知的东西总是披着浪漫的色彩。

人们常常以为好的在远处，总以为未接触过的事物中埋藏着惊喜，总以为陌生的人和事会与自己生活中的不一样，所以，为之做了许多徒劳无功的事情。之后再回到起点，才发现其实自己想要的就在不远处，之前的种种努力不过是自作聪明，这就是“舍近求远”的本质。“舍近求远”造成了无数失去之后的捶胸顿足，无数次众里寻他中的擦肩而过。它让人们错过机遇，将努力空掷。

农夫生活殷实，一天，一位老者拜访他，说道：“倘若你能得到拇指大的钻石，就能买下附近全部土地；倘若能得到钻石矿，还能够让自己的儿子坐上王位。”

钻石深深地吸引了农夫的心，他从此对什么都不感到满足了。经过辗转反侧的思考之后，他找到那位老者，请老者指教在哪里能够找到钻石。老者想打消他那些念头，但无奈农夫完全听不进去。老者只好告诉他：“你在很高很高的山里寻找淌着白沙的河，倘若能够找到，白沙里一定埋着钻石。”

于是，农夫变卖了自己所有地产，让亲人寄宿在街坊家里，自己出去寻找钻石。但他走啊走，始终没有找到要找的宝藏。他终于失望，在大海边投海死了。

故事并没有就此结束。

一天，买了农夫房子的人，把骆驼牵进后院，想让骆驼喝水。后院里有条小河。骆驼把鼻子凑到河里时，这个人发现沙中有块闪着奇光的东西。他立即把它挖出来，是一块闪闪发光的石头。他把石头带回家，放在炉架上。过了些时候，那位老者又来拜访这家人，进门就发现炉架上那块闪着光的石头，不由得奔跑上前。

“这是钻石！”他惊奇地嚷道，“农夫回来了！”

“不！他还没有回来。这块石头是在后院小河里发现的。”新房主答道。“不！你在骗我。”老者不相信，“我走进这房间，就知道这是钻石啊。别看我有些唠唠叨叨，但我还是认得出这是块真正的钻石！”

于是，两人跑出房间，到那条小河边挖掘起来。过了一会儿，露出了比第一块更有光泽的石头，而且以后又从这块土地上挖掘出许多钻石。

事实不正是如此吗？在生活中我们常常舍近求远，到远方寻找其实自己身边就有的东西。同样，机遇往往就在人们身边，在人们心里。只要人们用心发现，享受当下，生活中处处都是美景。

真正聪明的人们应当关注正在做的事、待的地方、周围的人，全心全意地去接纳、品味、投入和体验这一切。当人们专注于现在，全部能量都集中在这一时刻，生命便具有一种强烈的张力。

吟风弄月，逃离万丈红尘

芦花被下，卧雪眠云，保全得一窝夜气；竹叶杯中，吟风弄月，躲离了万丈红尘。

意译

以芦花作棉被，以雪地作床，以云彩作帐，在如此美景下睡眠，可以保持清凉安静的心境；以竹叶作酒杯，在清风明月下吟咏，可以逃避尘世中的纷乱烦扰。

清心智慧

人们的心灵就像一轮天上的秋月，清辉弥漫，皎洁晶莹。如果我们总是牵绊于世俗的声色名利，心灵就会充满浓厚的乌云，那轮心灵的明月就会越来越暗淡，直至无光。因此，人们如果能多接近自然，就能清除心灵的乌云，那轮心月就会焕发出本属于它的明丽，生命也会在心月的清辉中常驻常新。

在我国历史上，唐代著名诗人杜甫就是热爱大自然的人，并特意为此作诗："清江一曲抱村流，长夏江村事事幽。自去自来梁上燕，相亲相近水中鸥。老妻画纸为棋局，稚子敲针作钓钩。多病所需唯药物，微躯此外更何求。"这首诗启示人们，人有了病之后，不要对生活失去信心，自寻烦恼，而要多去环境幽静的地方舒缓心情，看一看自由自在的飞燕，相亲相爱的鸥鸟，寻找生活中的乐趣，这样便可心悦而减少疾病。

说到亲近自然，修养自然之心，晋代大诗人陶渊明特别值得称道，值得我们现代人学习。

陶渊明原是晋朝大司马陶侃的曾孙。他一生仕途不达，曾做过五次官，最后一次在家乡附近当了一个小县令。他在任大概一百多天时，有名督邮前来视察，旁人提醒他"应束带见之"，还要送些厚礼。陶渊明一听心里不高兴，督邮算个什么人物？乃乡里小儿。我怎能为五斗米折腰呢？这样，他就找了个理由辞去县令一职，回乡归隐，回归自然。

返乡后，陶渊明过着耕读的生活，生活虽然并不富裕，但精神上自由。“采菊东篱下，悠然见南山”，“舟摇摇以轻飏，风飘飘而吹衣”，他过着悠然自得的生活。在此期间他写下了《桃花源记》等名篇，表达了他内心向往自然、享受自然的美好理想。

可以说，自然可以开启人的心灵、陶冶人的情操。久居闹市，心久系官场，人实际上活得很累。荣华富贵、名声赞誉都是表面的东西，月明风清时，立于月下，追名逐利者就会突然觉得自己生活得很可笑、荒唐。整日费尽心思与人争斗，为官职而说那些不愿说的话，何必要这样难为自己？放下来，走出去，到自然的怀抱中沐浴春风，攀登高山，放歌旷野，人会舒服许多。

林语堂先生曾经说，人一旦融入自然，就融入了由它构造的宏伟戏剧：丰富、强烈、色彩斑斓。原本脆弱的呼吸也可在瞬间乘着自然的气息穿过田野，抵达更宽阔的地方。而徜徉在自然中的人，则可与“日月同戏，随风云共嬉”。那时候的生命，既简单又深刻，既微妙又复杂，一切的欢乐与欣喜尽在其中。

大自然是造物主赐给人类的最高享受，谁能与大自然亲近，谁就能拥有健康，谁就能在锻炼身体的同时陶冶心灵，吮吸大自然的灵气。所以在繁忙的工作之余，把休闲的地点更多地放在大自然里，而不是咖啡厅或其他聚会场所，才是真正的修身养性之道。

东晋王子猷弃官后住在山阴，一天夜晚下大雪，他睡觉醒来，打开房门，命仆人沽酒，四周望去，白茫茫一片。就起身徘徊，吟咏左思的《招隐诗》，忽然想起戴安道。当时戴安道在剡县，王子猷就在夜晚乘小船往戴安道那里去。走了一夜才走到，到戴安道门前却不上前敲门就返回了。有人问他这样做的缘故，王子猷回答说：“我本来是乘兴而来，现在兴尽就返回家，为什么一定要见到戴安道？”

趣味在心，而不在境遇，人的心只当守在当下方能安定，方有趣味可言。这种趣味并不是指一个人的心里时时都开心快乐，而是就“顺畅”而言的，这样的人也就是性情中人。兴起处，宁可夜晚渡船也要去实现这份趣味，兴尽时，即使到了门前也会掉转船头。这就是任性情生活，同时顺应自然之道的生活方式。

人们来自大自然，只有回归大自然，才能找到本真的自己。这正如哲人所说的：“人是一种活动的植物，他们像树一样，从空气中得到大部分营养。如果他们总是守在家里，就憔悴了。”所以，哪怕我们工作再忙、学习再紧也要给自己一个亲近自然的机会。找片清净之地，躲离万丈红尘，听听风声、晒晒太阳，也听听自己的心声，晒晒自己的心事。

身心不疲，随时寻乐

人生在世，太闲则别念窃生，太忙则真性不现。故士君子不可不抱身心之忧，亦不可不耽风月之趣。

人生如果过于闲逸，那么杂念就会悄悄产生；人生太过忙碌，那么纯真的本性就不会显现。所以德行高尚的君子既不可以使自己身心过于疲倦，也不可不懂得吟风弄月的乐趣。

清心智慧

几乎每个人都有自己对事业的理解，都想做一点事。人不可能什么也不做，因为人生本身就是一场修行实践的旅途。不管做大事还是做小事，只要能让自己充实起来，有所收获便是最好的。虽然有时候羡慕安逸的生活，但若真是每日浑浑噩噩地没有方向和目标，仅以酒肉美色度日乃是非常痛苦的状态。

有目标有行动的生活自然是好的，但是也不可以过于劳碌，否则就等于给自己当奴隶牛马，而丧失了人生应有的乐趣。而那种既不可太闲，又不可太忙的生活原则，从另一个角度来理解就是劳逸结合的状态才谓最佳。凡是与自己情趣、追求无关的事可以放一放，闲一闲；凡是和自己的追求有关的事就要紧一紧，不停手地去做。一张一弛，才能忙闲结合，从而获得其中的乐趣。

鹿和马都被公认为跑得最快的动物，只不过鹿在森林中，马在草原上，它们都对彼此有亲切感，但是关系还仅限于偶尔碰面时打个招呼而已。既然双方都有成为朋友的心愿，何不进一步促进彼此的关系呢？于是，鹿就邀请马到家里来玩，马欣然同意了。

那是一个春日的午后，草原上吹着温馨的风，马踏入了森林。然而，刚进入森林的马很快就后悔了。这里是和草原完全不同的世界，起初还不觉得怎么样，可是越往森林里面走，树木就越高大，绿叶也越茂密。树林的枝叶重重叠叠地遮蔽了天空，草原上那习以为常的高挂天空的太阳，在这里完全看不见。怀着不安心情的马，陡然对住在这种地方的鹿害怕起来。同时，它又不得不承认，只有灵敏的鹿才适合这座密林。

后来，人类邀请马与他们合作，马看到了人类的智慧和无尽的财富，被吸引了。有一天，人说："其实你应该是世界上奔跑最快的，现在我们又能够提供给你丰盛的食物，如果你能够依照我们的方法去做，即使是在森林里，你也一定能够跑赢鹿。"

或许是因为赞美之言，或许是为了获得无尽的财宝，马竟然答应了人类的要求。而人类以让马吃饱并堂堂正正地骑到了它背上的要求作为交换代价，一起进入森林里追赶、猎捕鹿。一场阴谋开始了。

被追得走投无路的可怜的鹿在疑惑之中，满怀悲伤，对马露出悲哀和疑惑的神情。可是，此时的马被鞭打的疼痛和缰绳操纵的窘迫弄得头脑麻木，它或许根本就没有多余的精力去察觉鹿的变化。从那次狩猎结束之后，人类便把马的缰绳紧紧抓在手中了，他们喂养马，并把它们绑在专门建造的马厩里。

而故事中的马从此就被奴役起来，尽管疲于所役，一辈子都处于疲惫不堪的状态，找不到自己的归宿，但马因为内心的虚荣和贪婪只能落得无限悲哀的下场。这样的话，即使长命百岁，终是年老力衰，活长了又有什么意义呢？

有的人可以永远做自己生活的主人，而有的人只配永远做自己生活的奴隶。就像故事中的马一样，为了满足自己的虚荣，平衡自己的妒忌之心，永远地丢弃了自由的权利。因此，在现实的生活和工作中，不要把自己搞得疲惫不堪，不要为生活所奴役，在闲暇的时候，不断地调节自己的生活，让忙中有静，静中有趣，这样生活才能更加丰富多彩。

此身常放在闲处，此心常安在静中

原文

此身常放在闲处，荣辱得失谁能差遣我？此心常安在静中，是非利害谁能瞒昧我？

意译

使自己常常处在闲适的环境中，那么世间的荣辱得失如何能够左右我？使自己的心境经常保持安宁平静，那么世间的是非利害如何能够欺蒙我？

清心智慧

老子主张“无知无欲”，“无为，则无不治”，以实现最符合自然大道的发展规律。世人常把“无为”挂在嘴边，实际上却很难做到。其实，一个人处在忙碌之时，置身功名富贵之中，的确需要静下心来修省一番，闲下身子安逸一下。这时如果能达到佛所谓“六根清净，四大皆空”的境界，就会将人间的荣辱得失、是非利害视同乌有。这样有利于自我调节，防止人陷入功名富贵的迷潭，难以自拔。

以前，有一对父子一起耕作一片土地。收获之时，他们会把粮食、蔬菜装满那老旧的牛车，并运到附近的镇上去卖。但父子两人合作起来并不算顺利，因为两人性格上相似的地方并不多。老人家认为凡事不必着急，年轻人则性子急躁、野心勃勃。

一天清晨，他们又一次运货到镇上去卖。儿子用棍子不停催赶牛车，要牲口走快些。

“放轻松点儿，儿子。”老人说，“这样你会活得久一些。”可儿子坚持要走得快一些，以便卖个好价钱。

快到中午的时候，他们来到一间小屋前面，父亲说要去和屋里的叔叔打招呼。儿子继续催促父亲赶路，但父亲坚持要和好久不见的弟弟聊一会儿。

从叔叔家出来，他们又一次上路了，儿子认为应该走左边近一些的路,但父亲却认为应该走右边有漂亮风景的路。就这样，他们走上了右边的路，儿子却对路边的牧草地、野花和清澈河流视而不见。

最终，他们没能在傍晚前赶到集市，只好在一个漂亮的大花园里过夜。父亲睡得鼾声四起,儿子却毫无睡意,只想着尽快赶路。

第二天，在路上，父亲又不惜浪费时间帮助一位农民将陷入沟中的牛车拉出来。这一切都使儿子气愤异常。他一直认为父亲对看日落、闻花香比赚钱更有兴趣，但父亲总对他说：“放轻松些，你可以活得更久一些。”

到了下午，他们才走到俯视城镇的山上，站在那里，看了好长一段时间。两人都不发一言。终于，儿子把手搭在父亲肩膀上说："我明白您的意思了。"

很多时候，我们就和这个青年一样，在人生中不断地奔跑，忽视身边的风景、忽视身边的亲人和感情，却不肯让自己清闲下来，当回头的时候，却发现生命过程中最美妙的东西已经被我们错过。

生活的乐趣绝不在于不断地奔跑，而在于在身心的安闲中明白自己何时应该奔跑、何时应该放慢脚步。生活中本不该有那么多情绪起伏，只是因为人们把握不住动与静的时机，才会让自己该沉静时犯了躁动和贪婪的毛病。

生活需要一碗酒的浓烈激情，也需要一杯茶的清香宁静。懂得让心身有呼吸的空间，才能把握人生的进退。当一个人静静地坐在那儿沉思时，头脑中却可以想象很多事情。这时我们的思维活动就会集中起来，或者将杂乱无章的思绪从头脑中清除出去，使我们达到心境澄明的境地，那里远离人群、远离利害和荣辱。

这不仅可以帮助我们减轻心灵的重负，而且还有助于我们修得一种心灵和智慧的通透，从而保证我们在关键时刻理智地做出正确的选择。这就是"身常放在闲处"，"心常安在静中"的要旨，这是一种身心修炼，同时也是一种人生态度，一种豁达的胸襟和如水随形般的达观境界。

对每个人来说，每天早晨出来呼吸一些新鲜空气，时不时地给自己一点时间沉思，偶尔给自己安排一次放松心情的出游，抑或在休息时和家人朋友聊聊天……这些都是让自己身心闲静的好方法。生活本来可以不那么急促，只是我们太紧张了，忘记了在生活中慢慢品尝幸福的味道，才会让自己被外在的名誉、职位等驱遣。

静里知乾坤，再忙碌也要放慢脚步

原文

竹篱下，忽闻犬吠鸡鸣，恍似云中世界；芸窗中，雅听蝉吟鸦噪，方知静里乾坤。

意译

立在竹篱下面忽然听到鸡鸣狗吠的声音，恍然让人觉得生活在神仙世界中；坐在书房里面忽然听到蝉鸣鸦啼，才感受到安静中蕴藏有无限情趣。

清心智慧

依照老子的观点，人若想生活得充实而从容，只须记住两个字：徐生。徐，有缓慢的意思，只有明明白白地“动之徐生”，才能心平气和、生生不息。人生路漫漫，不管怎样走，都会到达同一个终点。与其匆匆赶路，让美景从身边飞走，不如走慢一些，用心感受身边的快乐和平常的幸福。即使是在快节奏的生活中，也要时常为自己放个假，学会放慢自己的脚步，享受生活的乐趣，为下一步积蓄更多能量。

圣人曾交给学生一项这样的任务：牵着一只蜗牛去散步。这个学生接到任务时，感到很奇怪，但也只得照做。

蜗牛虽然已经在尽力爬，但半天才能挪动那么一丁点儿。学生催促它，吓唬它，责备它，但蜗牛仍然爬得很慢。学生急坏了，便盯着蜗牛看了一会儿，他感觉蜗牛仿佛在说："我已经尽了全力！"过了一会儿，这个学生又开始拉它、扯它，甚至用脚踢它。蜗牛受了伤，更慢地往前爬。

"真奇怪，为什么圣人要我牵一只蜗牛去散步呢？"这个学生气急败坏地自问。这时他看了看周围，见一个人也没有，便对自己说："好吧！松手吧！反正圣人又不在，我还管什么？"于是他丢下蜗牛，任它往前爬，自己则边走边生闷气。

后来，可能是受到蜗牛速度的潜在影响，他渐渐地放慢了脚步，静下心来……

然后他闻到花香，听到鸟鸣，看到满天的白云，微风吹来，他不禁感叹："好美。"这时他想起来："咦？以前怎么没有这些体会？"他看着仍在往前爬的蜗牛，心想：也许这就是圣人让我牵着蜗牛散步的理由吧！脚步慢了，心静了，才能领悟生活之美。

寻找生活之美很简单，在忙碌的现代生活中，只要放慢脚步、放空心灵自然可以找到生活的美，并在自己的生活体验中发现新的深度。一位知名作家说过：品味生活，在于抓住生活的空隙。一些不经意间发生的事情，往往会带来许多欢乐。生活的意义，正如一杯清茶，谁都能体会到它的清苦，可只有细细品味，才能体会到其中的香醇。

漫步在幽深的小路上，呼吸着清新的空气，透过林荫，怀着一种悠闲的心情细数阳光洒在地上碎石般的条纹，或者闭上眼睛，感受扑面而来的淡淡花香。仰天长望，几朵白云在轻轻地飘；哼一首无名的小曲，默念一首小诗。这些都会让我们充分地感受到生活之美。

放慢脚步、放空心灵的生活并非让我们放弃自我、无所事事，它与物质的富有程度也没有多大关系，“慢”和“静”更多地是一种健康的心态，一种积极的生活态度。对我们每个人来说，每一天都是当“心静慢人”的好时候，只要我们运用得当，享受“竹篱下，忽闻犬吠鸡鸣，恍似云中世界；芸窗中，雅听蝉吟鸦噪，方知静里乾坤”的惬意、悠然绝不是什么难事，更不是什么坏事。

在生活中，有很多平常忙碌的人在度假的时候病倒。这是因为，一个人如果长期处于紧张状态，身体就会习惯于这种状态，一旦紧张因素消失，对身体来说便成了反常现象，肾上腺素大量减少，使器官失控，导致各种疾病。其实，生活好像一盏灯，把脚步放慢一些，灯就被点着了，把心沉静下来些，灯光就会更亮些，点亮的灯会照亮生活中原本十分平凡的瞬间。

因此，不妨在生活和工作之间找一个美丽的平衡点，保持有条不紊、有张有弛的生活节奏。在现代社会的快节奏生活中慢下来、静下来，以平和的心态面对生活中的各种压力和诱惑，虽然我们会损失一些金钱，但这种损失却在我们享受生命的过程中得到了弥补。

走出办公室时，抬头望望天，望见星光的那一刻，我们的生活就是幸福的；一个没有应酬、不用加班的周末，和知心朋友逛逛街、聊聊天便觉得心满意足；久居于城市的人，偶尔安排一次野外踏青反而让紧张的心灵放轻松。生活就这样在无意间向我们展开了幸福和满足的怀抱。

静躁两不相干，远离喧嚣留一片平静天地

原文

孤云出岫，去留一无所系；朗镜悬空，静躁两不相干。

意译

一朵孤云从山谷中飘出来，毫无牵挂地在天空飘荡；一轮明月像镜子一样悬挂在天空，世间的安静或喧闹和它毫无关系。

清心智慧

生活在现代文明中的人们，需要受到更多的如道德、法律、宗教等行为规范的约束限制。处在原始社会的人们，在精神上则相对显得公平自由。不过，当生存问题得到解决，私有制一出现，社会就开始有了种种矛盾。

一些制度、规范为适应人类社会生活而出现，又不断被人们扬弃其不适宜的部分，例如不合理的政治制度等。既然是社会人，在整个制度环境下，社会的发展并没有使人们一无所系、了无牵挂、自由自在地生活，于是人们便寻求一种自我内心的平衡与调节，求得内心如流云，如朗月，使人世间的静躁与我无关，借以保持一份悠闲雅致。

保持宁静的心境是一个人思想修养、精神状态良好的标志，也是人们提升自我的重要实现途径。在生活节奏异常快速的今天，一个人只有保持静的心态才能思考问题，才能在纷繁复杂的大千世界中站得高、看得远。诸葛亮所言“非宁静无以致远”，说的就是这个道理。

在一间寺庙里，有一个新来的小和尚，对所有事情都非常好奇，所以总喜欢问个不停。秋天到了，一阵秋风过后，寺院里红叶纷纷落下，小和尚见状，跑去问住持：“红叶这么美，为什么会掉呢？怎么不挂在树枝上呢？”

住持淡然一笑：“因为冬天快来了，树枝撑不住那么多叶子，只好舍。这不是‘放弃’，是‘放下’！”

冬天来了，小和尚看见师兄们把院子里水缸中的水倒掉了，觉得可惜，又跑去问住持：“好好的水，为什么要倒掉呢？”

住持笑笑：“因为冬天冷，水结冻就会膨胀，这样就容易把缸撑破，所以要倒干净。这不是‘真空’，是‘放空’！”

深冬时节，大雪纷飞，厚厚的，一层又一层，积在几棵盆栽的龙柏上，住持吩咐几个徒弟把盆搬倒，让树躺下来。小和尚见了，又不解了，问住持：“龙柏好好的，为什么要放倒？”

住持一脸严肃：“谁说好好的？你没见雪把柏叶都压塌了吗？再压就断了。那不是‘放倒’，是‘放平’，是为了保护它，让它躺平休息休息，等雪消融后再扶起来。”

冬季漫长，加上经济不景气，庙里的香油收入明显少了，小和尚不禁担心起来，就跑去问住持：“怎么办呢？这以后怎么过呢？”

“少你吃的了？还是少你穿的了？”住持瞪他一眼，“你去数数看！柜里还挂了多少衣服？柴房里还堆了多少柴？仓房里还积了多少土豆？别总想没有的，想想还有的；苦日子总会过去，春天总会来的。你要放心。‘放心’不是‘不用心’，而是把心安顿好。”

没有人能够阻挡，春天果然来了，也许是因为冬天的雪水特别多，春花烂漫，更胜往年，寺院的香火又渐渐旺盛起来，小和尚高兴了，他觉得自己再也无忧了。可是一天，他发现住持要出远门了，小和尚就追到山门问：“您走了，我们怎么办呢？”

住持笑着挥挥手：“你们能放下、放空、放平、放心，我还有什么不能放手的呢？”

很多时候，我们的内心都为外物所遮蔽、掩饰，浮夸躁动的心绪开始滋长，所以在人生中我们或多或少留下遗憾：在学业上，由于我们还不会倾听内心的声音，所以盲目地跟从别人的意见选定了“前景”和专业；在事业上，我们故意不去关注内心的声音，在社会的浪潮中，去选择那些热门的行业；在爱情上，我们常因外界的作用扭曲了内心的声音，因经济、地位等非爱情因素而错误地选择了对象……在进行各种周密而细致的盘算，权衡着可能有的各种收益与损失时，唯独忽视了自己内心的声音。

孤云出岫，朗镜悬空，前者自在逍遥，率性而为，后者则无尘无俗，清朗明净。《菜根谭》告诫大家的是要时时刻刻保持心的宁静，倾听内心的声音，不要被毫无关联的东西牵扯，导致失去了悠闲自得的生活。

参考文献

[1] 刘默 . 菜根谭 [M] . 北京 : 中国华侨出版社，2013.

[2] 唐翼明 . 颜氏家训 [M] . 长沙 : 湖南科技出版社，2012.

[3] 雅瑟 . 素书 [M] . 北京 : 新世界出版社，2012.

[4] 王觉仁 . 王阳明心学 [M] . 长沙 : 湖南人民出版社，2013.

[5] 张铁成 . 曾国藩大全集 [M] . 北京 : 新世界出版社，2011.

[6] 季羡林 . 季羡林谈人生 [M] . 北京 : 当代中国出版社，2006.

[7] 南怀瑾 . 老子他说 [M] . 上海 : 复旦大学出版社，2005.